面向高通量卫星的激光-微波混合交换理论与关键技术研究

吴 宾 著

东北大学出版社
·沈 阳·

ⓒ 吴 宾 2025

图书在版编目（CIP）数据

面向高通量卫星的激光-微波混合交换理论与关键技术研究 / 吴宾著. -- 沈阳：东北大学出版社，2025.5. -- ISBN 978-7-5517-3810-1

Ⅰ. TN927

中国国家版本馆 CIP 数据核字第 2025Q5P374 号

出 版 者：东北大学出版社
　　　　　地　址：沈阳市和平区文化路三号巷 11 号
　　　　　邮　编：110819
　　　　　电　话：024-83683655（总编室）
　　　　　　　　　024-83687331（营销部）
　　　　　网　址：http://press.neu.edu.cn
印 刷 者：辽宁一诺广告印务有限公司
发 行 者：东北大学出版社
幅面尺寸：170 mm×240 mm
印　　张：11
字　　数：196 千字
出版时间：2025 年 5 月第 1 版
印刷时间：2025 年 5 月第 1 次印刷
策划编辑：汪子珺
责任编辑：薛璐璐
责任校对：汪子珺
封面设计：潘正一
责任出版：魏　巍

ISBN 978-7-5517-3810-1　　　　　　　　　　　　　定　价：58.00 元

前言

随着星间、星地大容量信息传输需求的不断增长,在原有卫星微波通信系统的基础上,进一步建立高速激光链路,从而形成激光-微波混合的高通量卫星网络,成为未来空间信息网络发展的必然趋势。传统的卫星转发器越来越接近电子速率的极限,而采用微波光子技术可以有效降低卫星转发器的体积、重量和功耗,实现大带宽和超高速的交换和信号处理。因此,将微波光子技术应用于未来激光-微波混合网络的中继系统中,成为下一代高通量卫星通信系统发展的必然趋势,具有重要的科学意义和实用价值。

本书将从高通量卫星中转发系统的实际需求出发,针对基于电域处理的中继转发系统结构复杂、多路收/发信号电磁干扰和非线性失真严重、卫星载荷的并行处理能力和动态范围受到限制等星上信号处理核心问题,提出一种微波光子信道化变频与交换技术。全书共分为8章,其中第1章和第2章旨在介绍卫星激光通信的相关研究进展、分析微波光子技术应用于高通量卫星上信号处理过程中的关键技术及待解决的关键问题,以及卫星微波光子技术的基础理论。第3章至第6章详细分析、研究了微波光子技术应用于卫星的理论和方法,着力解决覆盖多个卫星通信频段的星上宽带微波信号光学并行处理方法和优化理论,结合灵活栅格通道复用技术的光域多路射频变频方法及带宽分配策略等科学问题。第7章分析了星地高速链路并行传输系统和高速光收发器的设计与研制过程,给出了星地高速链路并行传输系统的设计方案。第8章对本书的工作进行了总结。

本书由东北大学秦皇岛分校教师吴宾撰著。大连理工大学殷洪玺教授为本书的撰写给予了重要的指导;东北大学秦皇岛分校赵清春和燕山大学韩莹在本书的撰写过程中提供了宝贵的意见与帮助。同时,本书获得了河北省海洋感知网络与数据处理重点实验室(东北大学秦皇岛分校,河北,066004)的支持,在此一并感谢。

由于著者水平有限，书中难免有不足和需要改进之处，恳请读者多加指正。

本书的出版得到了以下基金项目的支持：国家自然科学基金项目（62101113）；河北省自然科学基金项目（F2020501035）；中央高校科研启动与科研水平提升项目（N2023008）；东北大学秦皇岛分校引进人才科研启动项目。

著 者

2025 年 2 月

目 录

第1章 绪 论 ··· 1
1.1 研究的背景与意义 ·· 1
1.2 国内外相关研究进展 ··· 4
1.2.1 星上通道复用技术与带宽分配研究 ································ 7
1.2.2 光域内变频技术研究 ·· 8
1.2.3 光交换与波长变换的研究 ··· 9
1.3 研究内容与结构安排 ·· 10

第2章 卫星微波光子技术理论基础 ··· 13
2.1 微波信号光调制技术 ·· 14
2.1.1 光调制技术分类 ·· 14
2.1.2 基于 DD-MZM 的外调制技术 ···································· 15
2.2 微波信号光域变频技术 ··· 20
2.2.1 基于级联 IM 的变频方案 ·· 21
2.2.2 基于双驱动 MZM 的变频方案 ··································· 23
2.2.3 基于双平行 MZM 的变频方案 ··································· 25
2.3 卫星微波光子链路非线性失真特性 ···································· 29
2.3.1 链路增益 ··· 29
2.3.2 噪声系数 ··· 30
2.3.3 无杂散动态范围 ·· 31
2.4 本章小结 ·· 32

第3章 卫星激光-微波混合网络交换系统结构与链路性能优化研究 ... 33

3.1 卫星激光-微波混合网络与交换节点总体结构 ... 34
3.1.1 卫星激光-微波混合网络 ... 34
3.1.2 混合交换节点 ... 35
3.2 卫星微波光子通信系统与链路非线性失真抑制研究 ... 36
3.2.1 卫星微波光子链路 ... 36
3.2.2 非线性失真的抑制 ... 38
3.2.3 基于OFDM信号的链路传输性能优化 ... 43
3.3 本章小结 ... 47

第4章 卫星激光-微波网络弹性带宽交换与全光波长变换技术研究 ... 48

4.1 卫星激光-微波混合链路弹性带宽交换方案 ... 49
4.1.1 基于业务分布的弹性带宽优化分配策略 ... 49
4.1.2 频谱分配策略性能对比 ... 54
4.1.3 基于WSS的弹性带宽交换实验和结果分析 ... 57
4.2 基于OFC的卫星全光波长变换方案 ... 64
4.2.1 波长变换技术 ... 64
4.2.2 全光波长变换原理与系统结构 ... 65
4.2.3 系统实验与性能分析 ... 67
4.3 本章小结 ... 71

第5章 基于多频光本振的卫星多频段变频技术研究 ... 73

5.1 多频段卫星中继转发器的结构与功能 ... 74
5.2 基于DSB-SC的卫星微波变频系统 ... 78
5.2.1 Ka波段信号的产生 ... 78
5.2.2 变频方案与系统结构 ... 85
5.2.3 实验结果 ... 88
5.3 基于可重构OFC的卫星多频段变频系统 ... 96
5.3.1 OFC的产生 ... 96

5.3.2 变频方案与系统结构 ………………………………………… 101
5.3.3 实验结果 ……………………………………………………… 103
5.4 本章小结 …………………………………………………………… 109

第6章 具有移相和镜像抑制功能的可重构本振谐波混频技术研究 ……………………………………………………………… 110

6.1 可重构本振谐波混频系统结构及工作原理 ……………………… 110
    6.1.1 基于 PDM-DPMZM 的可重构本振谐波混频系统结构 ……… 110
    6.1.2 可重构本振谐波边带产生方案 ……………………………… 112
    6.1.3 移相和镜像抑制功能实现方案 ……………………………… 115
6.2 结果与分析 ………………………………………………………… 118
    6.2.1 参数设置 ……………………………………………………… 118
    6.2.2 本振谐波混频及多频段变频 ………………………………… 119
    6.2.3 0~360°相位调谐 ……………………………………………… 133
    6.2.4 镜像抑制与 SFDR …………………………………………… 136
6.3 本章小结 …………………………………………………………… 140

第7章 星地高速链路并行传输系统和高速光收发器的设计与研制 ……………………………………………………………… 142

7.1 星地高速链路并行传输与同步控制技术研究 …………………… 143
    7.1.1 高速链路并行传输系统设计 ………………………………… 143
    7.1.2 高速并行信道同步控制方案 ………………………………… 144
    7.1.3 实验结果 ……………………………………………………… 146
7.2 基于 RocketIO 的空间光通信高速光收发器的设计与研制 ……… 149
    7.2.1 GTX 高速串行收发器 ………………………………………… 149
    7.2.2 基于 RocketIO 的自定义传输协议设计 …………………… 151
    7.2.3 硬件设计与性能测试 ………………………………………… 153
7.3 本章小结 …………………………………………………………… 156

第8章 结 论 ………………………………………………………… 157

参考文献 ……………………………………………………………… 159

第1章 绪 论

◆ 1.1 研究的背景与意义

在空间探索事业高速发展的当今时代,天基信息网络需能满足突发大数据业务、远程高宽带多媒体业务传输及与地面5G技术融合等需求,从而有效支撑高速数据通信、卫星导航定位、高分辨率图像采集、航天测控及深空探测等军事和民用任务[1]。其中,数据中继卫星系统作为天基信息网络的典型应用,是空间信息传输的枢纽和高效天基测控通信设施,在空间探索中具有不可替代的地位和作用。因此,建立高速率、大容量和高可靠性的数据中继卫星系统,成为保障空间信息畅通的基础[2-4]。

目前,卫星空间通信系统主要采用微波技术,国际上已有多个基于微波链路的数据中继卫星系统实现应用服务[5-6],如美国的跟踪与数据中继卫星系统(tracking and data relay satellite system,TDRSS)[7-8]、俄罗斯的军民两用数据中继卫星系统"急流"和"射线"[9]、欧洲航天局(European space agency,ESA)的欧洲数据中继卫星系统(European data relay system,EDRS)[10-11]和我国的"天链一号"卫星系统等[12-13]。虽然卫星微波通信技术相对成熟,已经建立的卫星微波通信系统也能基本满足现有通信、导航、遥感和测控任务,但针对未来的高通量数据中继卫星网络,依靠卫星微波系统实现星间数万千米的信息传输,存在传输带宽窄、速率不够高,微波天线体积大、功耗高等问题。同时,在星上处理速度、通信容量、抗干扰能力等方面,也存在明显局限性[14]。目前,基于多点波束和频率重用技术的高通量卫星(high throughput satellite,HTS)成为国内外科研团队的研究热点。我国首颗HTS实践十三号卫星于2017年4月成功发射,而未来HTS实现的通信容量将达数百Gbit/s甚至Tbit/s量级。目前,HTS既包括全Ka频段卫星,也包括C/Ku/Ka等多频段的混合载荷卫星,甚至

Q/V 频段的卫星载荷设备也将逐渐成熟并投入使用[15]。且由于微波链路抗干扰性能相对差,难以保证保密信息的可靠传输,因此,面向未来需求,卫星微波链路的能力局限问题将会越发凸显,这就需要引入宽带通信技术来改善网络的拥塞状况[16-17]。

卫星激光通信与传统的卫星微波通信相比,具有频带宽、传输速率高、终端和天线体积小、重量轻、功耗低、抗电磁干扰、抗截获及深空光传输性能好等优点,是卫星骨干网高速传输链路和组网的理想方案[18-21]。目前,100～622 Mbit/s 地面空间激光通信系统已经实用化,数据速率为 5.625 Gbit/s 的星间激光通信试验也已经演示成功[22-23]。此外,由于受光器件和技术的限制,目前卫星激光通信的带宽优势和潜力尚未完全发挥,未来随着无线光通信技术的进步,卫星激光通信技术的优势将进一步凸显。

因此,对于相距数万千米的地球同步轨道(geostationary earth orbit,GEO)卫星之间的信息高速传输,采用激光链路可以更好地发挥其在通信容量、数据速率、传输距离和信息安全性等方面的优势。而对于近地轨道(low earth orbit,LEO)卫星与 GEO 卫星之间的信息回传,包括通信卫星、遥感卫星、遥测卫星等,可以根据业务信息量的需求适时采用激光链路或微波链路实现信息传输[24-25]。在星地高速数据传输方面,则可以采用以微波链路为主、激光链路为辅的方式实现。当大气条件较好时可采用激光链路,当大气条件不理想时可采用成熟的微波技术,从而可以实现多波束覆盖和功能完备的地面站设施,以保证通信链路的有效性和可靠性[26-27]。由此可见,未来的高通量宽度卫星通信系统将通过微波与激光技术的优势互补,建立混合链路系统,即星间采用激光链路充分发挥激光在太空的巨大带宽优势和良好的传输特性,星地采用微波链路充分利用其成熟的地面站技术,且避免大气对激光的影响[28-29]。如图 1.1 所示,3 颗 GEO 高通量卫星通过激光链路构成高速数据中继骨干网,每个 GEO 卫星可为多个 LEO 数据卫星提供激光链路和多条微波链路接入,对微波接入链路可通过微波-激光变换中继至另 1 颗 GEO 卫星,或者直接利用微波下传到地面,由此形成激光-微波混合链路数据中继卫星网络。

在激光-微波混合卫星网络中,GEO 卫星既是卫星光网络中的一个路由交换节点(激光-激光),又是激光与微波链路的转换节点(激光-微波、微波-激光或微波-微波),卫星中继交换系统需要同时具有激光骨干网络链路交换和激光-微波混合接入的能力。因此,卫星中继交换系统中的卫星转发器除了实现

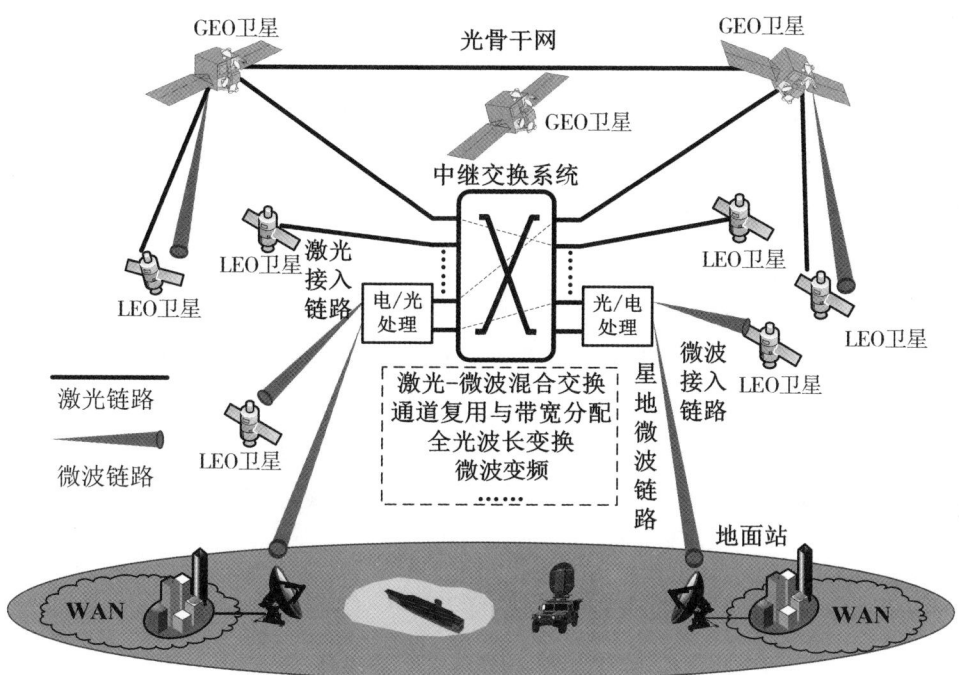

图 1.1 激光-微波混合链路数据中继卫星网络示意图

传统的放大功能之外,还需要解决激光-微波混合交换、多通道微波变频、通道复用与带宽分配及全光波长变换等关键问题,对卫星转发器的功能提出了更高的要求。与传统星上电域处理技术相比,基于微波光子技术的卫星转发器具有带宽大、插入损耗低、集成度高和抗电磁干扰等优点[30-33],可以有效地突破"电子瓶颈"的限制,降低卫星空间载荷的体积、重量和功耗(size, weight and power, SWaP)[34-35],实现大带宽和超高速的信号处理,在实现高频本振源产生、变频、激光-微波混合交换和信号处理方面,均具有更大的优势,能够为未来星间和星地光网络与微波网络之间搭建桥梁[36-38]。

综上,采用激光通信技术建立星间高速链路,从而构成高通量卫星激光-微波混合网络,是未来空间信息网络大容量、高速率通信的发展趋势[39],因此受到广泛的关注和研究。但是,面向高通量卫星的激光-微波混合网络的中继交换系统仍面临诸多挑战。譬如,面向高通量卫星激光-微波混合网络的中继节点应该采用哪种结构与混合交换方案,以及微波光子链路中如何克服弱光信号光学调制时产生的非线性失真效应；多频段微波信号（S/C/Ku/Ka）星上汇聚时，如何进行多通道变频及星上微波信号的光域产生；对于微波链路与激光链路中的不同粒度的数据，如何通过带宽分配来有效提高激光-微波混合网络的频谱利用率及对星上全光波长变换等一系列关键技术问题。然而，目前对激光和微波混合组网与交换的研究较少，且未见完整的试验系统，虽有仿真的报道，但大多未得到试验验证。

因此，本书针对面向高通量卫星的激光-微波混合网络和中继交换技术进行了深入系统的理论和试验研究，具体包括交换系统结构、微波光子链路非线性失真抑制、中继节点的带宽分配策略和波长变换、多波段变频方法等关键技术。这对于未来卫星激光通信与现有卫星微波通信网络的兼容和应用、提高卫星转发器处理能力的同时降低载荷的SWaP，以及向实用化推进等，具有重要的理论价值和实用意义。

◆ 1.2 国内外相关研究进展

基于激光与微波链路的数据中继卫星网络是一个复杂系统，卫星微波链路的发展较成熟，得到广泛应用，而卫星激光通信正在研究和试验中。20世纪90年代以来，以欧洲为代表的发达国家相继开展了高速、高可靠传输的点对点星间激光通信关键技术研究，在高精度、小型化部件、星上变频和微波光子转发技术等方面，取得了一系列突破。

在点对点的卫星激光通信方面，近年来，国际星间与星地激光通信的研究和工程试验得到飞速发展。主要研究机构有欧洲航天局、德国宇航中心（Deutsches zentrum für luft-und raumfahrt，DLR）、法国国防部采办局、美国航空航天局（national aeronautics and space administration，NASA）的喷气推进实验室和戈达德航天中心、日本宇宙航空研究开发机构（Japan aerospace exploration agency，JAXA）和情报通信研究机构（national institute of information and communications technology，NICT）等。

2001年11月，ESA进行了半导体激光星间链路试验（semiconductor laser-satellite link experiment，SILEX），GEO中继卫星ARTEMIS搭载的激光通信终端（laser communication terminal，LCT）与相距38000 km的法国LEO卫星SPOT-4之间成功建立50 Mbit/s速率的激光链路，回传了SPOT-4的侦察图片，成为人类历

史上首次在太空建立的激光通信链路,是卫星激光通信领域一个重要的里程碑[40-41]。

2005年,日本开发了激光通信终端LUCE,搭载至光学轨道间通信工程试验卫星(optical inter-orbit communications engineering test satellite,OICETS)发射入轨。同年12月,ARTEMIS卫星成功与日本的OICETS卫星实现了双向激光链路通信,这是全球首次成功实现星间双向激光通信试验[42]。

2006年3月和6月,日本OICETS卫星分别与NICT的光学地面站和DLR的可移动光学地面站进行了LEO卫星-地面激光通信试验,证明了利用卫星与移动光学地面站建立灵活天地通信网络的可行性[43]。

2008年2月,德国LEO遥感成像卫星TerraSAR-X搭载了基于BPSK调制/相干检测的第二代LCT,与美国国防部红外侦察卫星NFIRE之间成功进行了通信试验,速率高达5.625 Gbit/s。作为SILEX后续计划的产物,相干LCT/LCTSX由ESA合约单位Tesat公司研制,采用1064 nm的Nd:YAG激光器,BPSK调制/零差检测,最大调制速率可达8 Gbit/s。这是世界上首次实现长距离相干解调的激光通信,也是空间激光通信首次超越微波体现出大带宽、高速率的优势[44-45]。

2013年9月,NASA进行了月球激光通信演示(lunar laser communication demonstration,LLCD)验证试验,发射的月球大气与尘埃探测器飞船中搭载的LCT与地面激光终端实现了双向激光通信,下行与上行链路的数据速率分别为622 Mbit/s和20 Mbit/s[46-47]。

2014年4月,NASA联合喷气推进实验室进行了激光通信科学光学载荷(optical payload for lasercomm science,OPALS)试验。该试验利用国际空间站(international space station,ISS)作为平台,对卫星与地面站间的激光链路进行验证,目的是为替换卫星上传统的射频通信终端做准备,将NASA未来航天器通信的数据速率提高10至100倍。同年6月,星地激光链路通信试验成功进行,将175 Mbit大小的视频文件从ISS传回地球,数据传输速率为50 Mbit/s[48-49]。

2016年1月,搭载EDRS-A载荷的商业同步轨道通信卫星Eutelsat 9B发射升空,卫星同时载有激光通信终端和微波通信终端,向用户星"哨兵"系列卫星提供450~600 Mbit/s速率的Ka频段微波链路,同时GEO卫星搭载的LCT将提供2.5 Gbit/s速率的星间激光链路[50]。在EDRS计划中,GEO卫星利用激光链路和Ka频段微波链路进行中继通信,GEO卫星相互之间采用激光链路互联,可实现全球覆盖,是直接面向应用的数据中继卫星系统,用以缓解日益明显的微波数据中继压力。该计划论证了空间激光链路数据中继卫星组网的可行性,展示了通过同步轨道卫星的高速激光链路构建空间数据中继通道的应用前景。

2019 年,ESA 提出 HydRON(High Throughput Optical Network)项目,目的是验证 Tbit/s 容量集成到地面网络中的"空中光纤"概念,并计划在 2025 至 2026 年演示和验证基本技术[51]。

2023 年 3 月,NASA 宣布"Artemis Ⅱ"载人绕月飞行项目正在推进中。"猎户座"飞船上的 O2O 光通信系统将视频通过激光链路传回地球,该任务成为首次将激光通信技术用于载人航天飞行的任务之一[52]。

我国关于空间激光通信的研究起步较晚,但近年来在国家自然科学基金和其他计划支持下,一些高校和科研院所开展了多方面的研究,取得较大进展,已有若干试验样机和现场试验。主要研究单位和高校包括:中国空间技术研究院(中国航天科技集团公司五院),中国电子科技集团公司第二十七研究所和第三十四研究所、中国科学院光电技术研究所、中国科学院上海光学精密机械研究所(以下简称上海光机所)和中国科学院光学精密机械研究所等,以及哈尔滨工业大学、长春理工大学、电子科技大学、北京大学、大连理工大学、南开大学、武汉大学、中国人民解放军空军工程大学、华中科技大学、北京邮电大学等。

2011 年 9 月,哈尔滨工业大学研制的 LEO 激光通信星上有效载荷,由海洋二号卫星承载发射,完成了与长春地面站之间传输距离为 2000 km 的 LEO-地激光通信试验,通信速率最高达 504 Mbit/s,这是我国首次实现的星-地激光通信试验[53-55]。

2013 年,长春理工大学研制的空间光通信原理样机,成功完成了运 12 型飞机之间的机载激光通信试验,飞机间距为 144 km,数据速率为 2.5 Gbit/s,在高速率飞机与卫星激光通信技术方面取得突破。

2016 年 8 月,上海光机所研制的相干 LCT 由"墨子号"卫星搭载,进行了我国首次相干激光通信试验。上行和下行的激光波长分别为 1064 nm 和 1550 nm,通信速率分别为 20 Mbit/s 和 5.12 Gbit/s[56]。

2017 年 4 月,中国首颗高轨道高通量通信卫星"实践十三号"发射,卫星搭载了哈尔滨工业大学研制的 LCT,首次完成了高轨星地高速激光双向通信试验,最高速率达 5 Gbit/s,且在卫星和地面间首次采用了波分复用(wavelength division multiplexing，WDM）激光通信技术[53]。

2019年，由上海光机所、中国航天科技集团公司第五研究院第五○四研究所和第七○四研究所研制的北斗三号通信测量一体化激光终端，实现了星间数万千米激光建立链路，通信速率为1 Gbit/s，测距精度达到毫米级。

2021年8月，上海光机所研制的小型化高速激光通信终端随多媒体贝塔卫星发射，实现了低轨星间连续稳定跟踪和10 Gbit/s通信验证，是当时国内最高星间通信速率。

2024年1月，"吉林一号"平台02A01星和02A02星实现了星间100 Gbit/s超高速激光通信，并进行了遥感影像的传输，通信速率国内最高。

国内激光通信技术的快速发展极大地推动了国内天基宽带数据传输网络的形态演进。经过近30年的理论技术研究和工程试验积累，星间和星地激光通信的若干关键技术和工程应用取得较大进展。近来数据中继卫星激光通信组网的问题，也引起了国内外研究学者的广泛关注。

在高通量卫星的星上载荷信息处理方面，基于微波光子技术对微波信号进行处理在未来宽带卫星通信系统中具有很大的应用潜力，因此受到广泛的关注和研究。在星上载荷中，利用光学方法对信号进行处理的研究，主要集中于星上通道复用技术与带宽分配、光交换与波长变换、光域内微波本振源产生[57-58]与变频和光控波束形成[59-60]等方面。

1.2.1 星上通道复用技术与带宽分配研究

随着卫星激光链路数量的增加，中继卫星之间实现激光链路组网，通过通道复用和合理配置带宽，以提高卫星系统的利用率，已经引起广泛关注。目前，多数文献在星上通道复用与带宽分配中，采用WDM技术和路由与波长分配（routing and wavelength assignment，RWA）的方式来提高星间光链路传输容量和星上处理能力。20世纪80年代末，美国麻省理工学院的信息与决策系统实验室的Chan等人，率先提出了基于卫星激光-微波混合网络架构的WDM路由/交换技术，开展了对卫星光网络逻辑结构层次划分、空间交换节点功能及卫星光网络的新应用等方面的探索[24]。2005年，得克萨斯大学奥斯汀分校的Gu等人，设计了一种基于聚合物体光栅的四通道粗波分复用器（coarse wavelength division multiplexer，CWDM），并将其应用于星间激光通信。其中0.83 μm和1.55 μm的通道用于数据流传输，1.06 μm和1.34 μm的通道用于星间互连[61]。2009 年，ESA 的 Michel Sotom 等人，在灵活微波光子模拟转发器结构的基础上，提出利用 WDM 新结构设计和搭建实验演示平台[34,37]。2010 年，哈尔滨工业大学的马晶教授等人对卫星光网络的波长路由技术进行了深入研究，讨论了在 WDM 卫星光网络中，非地球同步轨道卫星时变拓扑条件下的波长路由模型和波长配置方案，并分析了多普勒效应导致波长偏移造成的影响[62-63]。2015 年，中国人民解放军空军工程大学的赵尚弘教授等人提出了采用小窗口策略的蚁群优化算法，来解决卫星光网络中的 RWA 问题，带宽资源的利用率可提高近 45%[64]；同时，提出了中低轨双层卫星光网络结构模型，且对网络路由、链路稳定与切换及节点结构模型等进行了深入研究[65]。2018 年，中国科学院空间应用工程与技术中心的 Sun 等人以典型的 2π 型网络 NeLS 和 π 型网络 Iridium 为例，提出了一种确定最佳星间链路拓扑的方法，并给出了两种星座的 RWA 方案[66]。2020 年，中国计量大学王怡等人基于大气信道 M 分布模型，提出了一种星地激光链路多载波相干正交频分复用技术（OFDM）调制系统，与 DPSK 调制系统相比系统性能提高了[67]。

1.2.2 光域内变频技术研究

由于未来的星上载荷需要处理多个频段的微波信号（S/C/Ku/Ka 等频段），因此，卫星转发器要具备变频和对多频率数据处理的能力。在星上变频已有的方案中，2013 年，美国国防部高级研究计划局（defense advanced research projects agency, DAPRA）的 Ridgway 等人采用并联铌酸锂光调制器的方案，射频信号和本振信号分别从上、下两路输入，然后采用光纤布拉格光栅分别滤除无用的频率分量，最后将光信号送入平衡探测器得到输出，这种结构的优势是具有更小的共模噪声和更大的无杂散动态范围（spurious-free dynamic range, SFDR）[68]。2014 年，北京邮电大学的徐坤教授课题组提出了采用双光频梳的方法，通过产生两个不同频率间隔的光频梳，耦合后进行拍频得到不同频段的频率信号，最后将 WDM 通道的栅格作为滤波器，得到对应频率的输出信号[69-70]。2014 年 10 月，Thales Alenia 宇航公司的 Vono 等人提出了基于微波光子技术的下一代通信载荷，它在光域产生分布式本振网络，并进行多频段变频，具有较好的可重构性和"透明性"。Vono 等人分别在光域和电域对 20 路 Ka 波段信号下变频试验，对比了系统的功耗和质量，体现了应用微波光子技术变频的显著优势[71]。2017 年，北京邮电大学的殷杰等人提出了将双平行 MZM 与单臂 MZM 并联的变频方案,信号在输出端与光本振耦合,通过调节两个调制器的直流偏置,来控制变频后信号的频率[72]。同年,中国人民解放军空军工程大学的赵尚弘教授等人提出了基于双偏振正交相移器(dual-polarization quadrature phase shift keying,DP-QPSK)集成调制器的变频方案,仿真实现了将 C 波段数据变换至 Ku/Ka 等波段的功能[73]。2020 年,Lin 等人提出了基于一个双极化正交相移键控调制器,实现单端、双平衡、镜频抑制、杂散抑制和不受色散干扰的多功能可重构的混频器[74]。2021 年,Chen 等人通过控制调制器的偏置电压来引入混频器的移相功能,以更好地满足未来多功能一体化射频前端的应用需求[75]。

1.2.3 光交换与波长变换的研究

光交换与波长变换是卫星转发器的核心功能之一。随着光交换器件的发展,基于微机电系统(micro-electro-mechanical systems,MEMS)的光开关取代了液晶空间光调制开关,成为实现星上光交换功能更优秀的方案[76]。针对未来星上透明转发载荷及路由问题,ESA 设立了"Large Scale Optical Cross Connect (LSOXC)"和"Optical Technologies for Ultra-fast Signal Processing(OTUS)"等项目,研究关键光器件和光交换架构,实现高吞吐量和超快开关的光路由。同时,ESA 也正在研究超快速可调谐激光器和波长选择器,以实现波长变换功能,从而支持星上光分组交换和光突发交换。除了以波长为基本单位进行光交换的研究之外[62,64],2012 年,比利时根特大学的 Heddeghem 等人将光链路中的数据变换至电域,并进行电分组交换(electronic packet switching,EPS)以实现更细粒度的交换,通过对系统功耗模型的研究结果可知,额外的"光-电-光"转换过程会使系统功耗大幅提升[77]。2019 年,清华大学的郑小平教授课题组提出了将光时隙交换(optical time slice switching,OTSS)的方法应用于 LEO 卫星网络,并给出了时隙分配方案和基于星间链路距离的路由算法[78]。2020 年,浙江大学使用硅基调制器实现了亚纳秒速率切换的可重构光子射频开关,验证了 15 GHz、20 GHz 以及倍频后微波频率幅值和频率交换,这项工作为创造具有高紧凑性和灵活性的高速 RF 交换提供了解决方案[79]。2024 年,中国台湾中山大学基于半导体激光器锁相单周期动力学,研制了光子学微波跳频信号发生器。当双频点微波调制光信号以适当功率和频率注入半导体激光器时,在 Hopf 分岔点能够触发单周期动力学过程并完成锁相[80]。

综上所述，卫星激光通信已引起国内外大量学者的关注，在理论研究和工程试验方面已取得一些重要进展。首先，点到点星间激光链路通信技术逐步成熟，通信速率不断提高，逐渐发挥卫星激光通信大容量、高速率的优势；其次，关于多点星间激光链路组网的方法与技术已有研究；最后，星上载荷的信息处理能力进一步提高，卫星转发器的功能由"透明中继"向"星上交换处理"方式发生转变，基于微波光子技术的信息处理技术，越来越受到国内外学者的关注。

但是，目前对激光和微波混合组网与交换的研究还较少，关于不同粒度的数据如何进行弹性带宽分配、星上如何进行全光波长变换、多频段微波信号星上汇聚时如何进行多通道变频等涉及面向高通量卫星激光-微波混合组网的问题，目前的研究还较少，能从文献中见到的研究也主要限于软件仿真结果，大多未得到试验验证。因此，本书选择面向高通量卫星的激光-微波混合网络中的交换、多通道变频、全光波长变换和弹性带宽配置等关键技术，进行了系统深入研究。

◆◇ 1.3 研究内容与结构安排

卫星激光通信具有频带宽、速率高、功耗低、终端体积小等优点，建立星间高速激光链路，结合已有的卫星微波网络，从而形成激光-微波混合卫星网络，是未来空间信息网络发展的必然趋势。基于微波光子技术提高星上载荷的信息处理能力受到了广泛的关注。因此，本书针对未来面向高通量卫星激光-微波混合组网的信道复用、星上波长变换和多通道变频等关键问题，进行了深入的理论和实验研究，具体完成如下工作。

第一，提出了面向高通量卫星激光-微波混合组网的方案，阐释其拓扑结构和功能架构。基于提出的弹性带宽交换的网络架构，设计了混合网络中继交换节点的结构，以网络中的一条微波光子链路为基本单元，对微波光子链路模型的非线性失真抑制进行了研究。由于链路中调制器的直流偏置和调制指数的选择会对信号传输性能造成影响，因此，将链路增益、无杂散动态范围和载噪失真比等性能参数作为优化对象，通过理论推导给出最优偏置点和调制指数的取值，为后续实验研究提供理论基础。

第二，提出了基于业务分布的弹性带宽优化分配策略，仿真分析了三种频谱资源预留策略的优劣，对比了所提策略与传统的完全共享方式在业务接近饱和时频谱资源利用率的差异。设计了基于波长选择光开关(wavelength selective switch，WSS)的弹性带宽交换节点结构，搭建实验系统对其带宽灵活分配的能力进行验证。

第三，针对卫星对波长变换能力的需求，提出了一种基于可重构单光频梳(optical frequency comb，OFC)的全光波长变换方法，分析了波长变换的原理和实现技术，通过实验验证了节点具有波长变换和带宽灵活分配的能力，给出了变换后各波长通道的误码率曲线和眼图。

第四，提出了基于抑制载波双边带(double-sideband suppressed-carrier，DSB-SC)方式和基于 OFC 的星上多频段变频方法，分析推导了变频的实现原理，设计了多频段卫星转发单元的结构。搭建了 Ka 波段微波信号向其他波段变频的实验系统，分析了信号的频谱、眼图及误码率等性能。

第五，提出了星地高速链路并行传输的方法和多路并行信号的同步控制技术。基于自行设计的 Virtex-6 系列 FPGA 硬件平台，对所提出方案进行了实验验证，实现了激光链路的光/电转换、串/并转换和信道的同步控制，验证了经过传输后带有延时的四路并行数据信号的同步性能。此外，研制了基于 RocketIO 的空间光通信高速光收发机，实现了高速串行通信，给出了 Chipscope 在线调试的实验结果和误码率。

本书共分为 8 章，具体内容如下。

第 1 章：绪论。说明了本书研究的背景与意义，详述了卫星激光通信的国内外相关研究进展，着重分析了微波光子技术应用于高通量卫星上信号处理过程中的关键技术及待解决的关键问题。

第 2 章：卫星微波光子技术理论基础。介绍了三种微波信号的光调制技术，着重阐述了基于双驱动光调制器的调制原理，并以此为基础，对比了三种微波信号光域变频方案，最后给出了描述卫星微波光子链路性能的几个关键指标。

第 3 章：面向高通量卫星激光-微波混合网络性能分析与链路优化研究。提出了卫星激光-微波混合组网方案，设计了卫星激光-微波链路混合交换节点的结构，建立了基于双驱动光调制器的 IM/DD 星间微波光子链路模型，对链路非线性失真的抑制方案进行了研究。

第 4 章：卫星激光-微波混合链路弹性带宽交换与全光波长变换技术研究。

提出了基于业务分布的弹性带宽优化分配策略，设计了基于波长选择开关的弹性带宽交换节点结构，提出了一种基于光频梳的波长变换方法，对其波长变换与带宽分配的功能进行了实验验证。

第5章：基于多频光本振的卫星多频段变频技术研究。设计了多频段卫星转发单元的结构，提出了星上多频段变频方案，分析了变频实现的原理，搭建实验系统测试了卫星转发单元从 Ka 波段单一频率同时向多频段变频的功能。

第6章：具有移相和镜像抑制功能的可重构本振谐波混频技术研究。提出了一种具有移相和镜像抑制功能的可重构本振谐波混频方案。分析了实现移相与镜像抑制功能的原理。搭建系统对所设计星载混频器的功能及性能进行了验证。

第7章：星地高速链路并行传输系统和高速光收发器的设计与研制。给出了星地高速链路并行传输系统的设计方案，提出了一种星地多路并行信号同步控制技术。基于 RocketIO 设计研制了一种空间光通信高速光收发器，对研制的系统进行了实验测试和性能分析

第8章：对本书的工作进行总结，并对微波光子技术应用于未来面向高通量卫星激光-微波混合网络中继节点的发展趋势进行展望。

第 2 章　卫星微波光子技术理论基础

微波光子技术的概念最早于 1993 年被提出，它的实质是将射频信号调制到光波上，实现射频信号的光域处理和宽带传输。微波光子系统具有带宽大、插入损耗低、集成度高和抗电磁干扰等优点。采用微波光子技术可以降低卫星转发器的体积、重量和功耗，实现大带宽和超高速的信号处理。由于它能够实现微波频段在光域的搬移和激光-微波的混合处理，因此，通过将不同波段、不同带宽及不同信号格式的微波信号直接调制到光载波上，可以实现微波信号的宽带透明传输，免去了微波信号星上调制和解调的复杂过程。近年来基于微波光子技术的星上载荷研究也因此受到关注。

基于卫星微波光子技术的卫星通信系统包括光发射单元和光接收单元。其中，微波信号的光调制和接收信号的光电探测既是实现卫星微波光子通信的基础与关键，也是完成微波光子变频的理论基础，涉及的关键光器件有激光器、电光调制器和光电探测器等。本章对实现卫星微波光子通信的理论和关键技术进行了阐释，首先对比了直接调制和外调制这两种微波信号光调制方式的结构和特点。接着对基于双驱动马赫-曾德尔调制器(dual-drive Mach-Zehnder modulator，DD-MZM)的外调制技术进行了深入的讨论和分析，并通过理论推导，对变频系统中常用的三种调制方式的原理进行了系统分析，包括 DSB-SC 调制、双边带(double sideband，DSB)调制和单边带(single sideband，SSB)调制。然后给出了三种典型的微波信号光域变频的方案，并结合 OptiSystem 仿真软件对三种方案的性能进行对比，分析了各自的优缺点。最后，给出了微波光子链路的主要性能参数，包括链路增益、噪声指数和 SFDR 等，并分析了链路中非线性失真产生的原因，为后文卫星微波光子链路的性能优化奠定了理论基础。

本章后续内容如下：2.1 节对比了两种微波信号光调制技术，并对 DD-MZM 的工作原理进行了推导分析；2.2 节分析了三种常用的光域变频方案，对比了各自的优缺点；2.3 节给出了描述微波光子链路性能的几个关键性指标；2.4 节为本章总结。

◆ 2.1 微波信号光调制技术

2.1.1 光调制技术分类

（1）直接调制。

直接调制是将要传送的信息直接加载至直调激光器的驱动电流上，通过控制驱动电流，改变激光器输出光信号的功率，从而达到对激光器光源进行调制的目的。直接调制结构示意图，如图 2.1 所示，基带信号与本振源混频后得到星上的微波信号，之后将其转变为电流信号驱动直调激光器，输出的光信号通过光学天线发出，完成直接调制过程。由于它是在光源内部进行的，因此也被称为内调制。

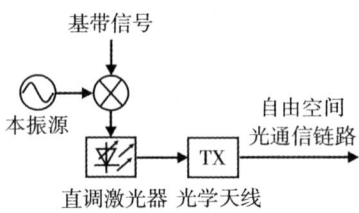

图 2.1 直接调制结构示意图

直接调制的优点是结构简单、集成度高、有利于减少星上负载的功耗。但是，由于调制的瞬态特性会影响到光源谐振腔的振荡特性，会引起光谱的动态展宽和调制啁啾，受激光器调制带宽的限制，直接调制只能在较窄调制带宽下工作。而星上微波光子通信系统接收到的微波信号强度弱，且覆盖了多个波段（S/C/Ku/Ka 等）。因此，采用直接调制的方式一般不能满足星上高频段、大带宽的调制需求。

（2）外调制。

外调制是通过调节加载至外调制器的电压值，改变材料的物理特性（如折射率和吸收率等），从而对光载波信号的相位或强度进行调制。外调制结构示意图，如图 2.2 所示，外调制方式将光源与调制器分离，光源只负责提供光载波,调制过程由外部光调制器实现。根据物理效应的差异,外调制器主要分为基于线性电光效应的马赫-曾德尔调制器(Mach-Zehnder modulator,MZM)和基于电吸收效应的电吸收调制器(electro-absorption modulator,EAM)等。

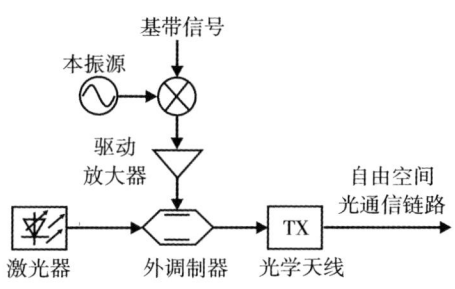

图 2.2　外调制结构示意图

与直接调制方式相比,外调制具有调制带宽大、频率啁啾小和调制效率高等优点,适用于带宽大于 10 GHz 的星间微波光子链路,可满足星上传输各频段微波信号的需求。同时,由于通过外调制产生光信号的各个边带之间满足很好的相干性,在光域进行变频时,拍频得到的微波信号不会产生额外的相位噪声。目前在外调制中,基于线性电光效应的 MZM 具有消光比高、插入损耗低和调制带宽高等优点,在高速通信系统中得到了广泛应用。此外,通过控制 MZM 的输出信号的幅度、相位和偏置电压,可以实现不同的调制方式,也使得通过改变 MZM 的级联方式能够适应星上更加灵活的应用。因此,本书后续工作将以 MZM 的外调制方式为基础。

2.1.2　基于 DD-MZM 的外调制技术

DD-MZM 结构示意图如图 2.3 所示。它由上、下两个相位调制臂、两个 Y 分支波导和加载射频信号的驱动电极组成。由于 $LiNbO_3$ 材料的电光效应,两个调制臂上光信号的相位会随着驱动信号和偏置电压的变化而改变。加载在两个电极上的射频信号分别对两路光波的相位进行调制,在输出端利用干涉结构将光相位的改变转化为强度变化,实现对光信号的强度调制。由于单臂 MZM 可以看作 DD-MZM 的一种简化形式,因此,下面主要对 DD-MZM 的工作原理进行推导分析。

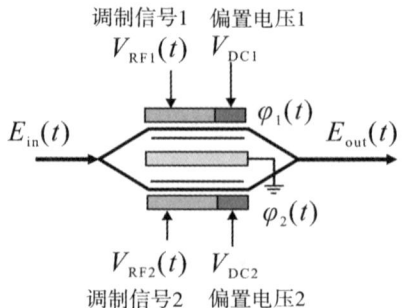

图 2.3 DD-MZM 结构示意图

假设输入 DD-MZM 光信号的电场强度为

$$E_{in}(t) = E_0 e^{j\omega_c t} \tag{2.1}$$

式中,E_0 和 ω_c 分别为输入 DD-MZM 光信号的电场强度和角频率,则在两臂加载射频信号 $V_{RF1}(t)$,$V_{RF2}(t)$ 和直流偏置电压 V_{DC1},V_{DC2} 后,两臂上光信号产生的相移可表示为

$$\varphi_1(t) = \frac{\pi}{V_\pi}[V_{RF1}(t) + V_{DC1}] \tag{2.2}$$

$$\varphi_2(t) = \frac{\pi}{V_\pi}[V_{RF2}(t) + V_{DC2}] \tag{2.3}$$

式中,V_π 为调制器半波电压。假设忽略 MZM 的插入损耗,且调制器分光比为1,即输入信号光功率均分至上、下两臂,则两臂经过 Y 型波导耦合后的输出信号可表示为

$$\begin{aligned} E_{out}(t) &= \frac{1}{2}E_0 e^{j[\omega_c t + \varphi_1(t)]} + \frac{1}{2}E_0 e^{j[\omega_c t + \varphi_2(t)]} \\ &= E_0 \cos\left[\frac{\varphi_1(t) - \varphi_2(t)}{2}\right] \exp\left[j\omega_c t + j\left(\frac{\varphi_1(t) + \varphi_2(t)}{2}\right)\right] \\ &= E_0 e^{j\omega_c t} \cos\left[\frac{\pi(V_{RF1}(t) - V_{RF2}(t))}{2V_\pi} + \frac{\pi(V_{DC1} - V_{DC2})}{2V_\pi}\right] \cdot \\ &\quad \exp\left[\frac{j\pi(V_{RF1}(t) + V_{RF2}(t))}{2V_\pi} + \frac{j\pi(V_{DC1} + V_{DC2})}{2V_\pi}\right] \end{aligned} \tag{2.4}$$

由式(2.4)可看出,当两臂输入的射频信号幅度相等、相位相反时,调制器的静态工作点由偏置电压差和半波电压决定,通过控制偏置电压差 $V_{DC} = V_{DC1} - V_{DC2}$ 可以使调制器工作在不同的偏置点,分别为最大传输点(maximum transmission point, MATP)($V_{DC} = 2nV_\pi$)、正交传输点(quadrature point, QP)

$\left[V_{\mathrm{DC}}=\dfrac{(2n+1)V_\pi}{2}\right]$ 和最小传输点 (minimum transmission point, MITP) $\left[V_{\mathrm{DC}}=(2n+1)V_\pi\right]$。当 DD-MZM 工作在推挽模式, 即输入上、下两臂的 RF 信号满足 $V_{\mathrm{RF1}}(t) = -V_{\mathrm{RF2}}(t)$ 时, DD-MZM 可作为强度调制器 (intensity modulation, IM) 使用。一般情况下, IM 仅有一个射频输入和一个直流偏置端口, 其输出光信号电场可表示为

$$E_{\mathrm{out}}(t) = E_0 e^{j\omega_c t} \cos\left[\dfrac{\pi(V_{\mathrm{RF}}(t) + V_{\mathrm{DC}})}{2V_\pi}\right] \tag{2.5}$$

式中, $V_{\mathrm{RF}}(t)$ 为加载的射频信号, V_{DC} 为直流偏置电压。

假设 DD-MZM 两臂输入 RF 信号的相位差为 $\Delta\theta$, $\Delta\phi$ 为两臂偏置电压差引入的相位差, 则 DD-MZM 输出光信号可表示为

$$E_{\mathrm{out}}(t) = \dfrac{1}{2}E_0 e^{j\omega_c t}\left[e^{jm\cos(\omega_{\mathrm{RF}} t + \Delta\theta)} + e^{jm\cos(\omega_{\mathrm{RF}} t) + j\Delta\phi}\right] \tag{2.6}$$

式中, $m = \dfrac{\pi V_{\mathrm{RF}}}{V_\pi}$ 为调制深度, V_{RF} 和 ω_{RF} 为输入 RF 信号的峰-峰值和角频率, $\Delta\phi = \dfrac{\pi V_{\mathrm{DC}}}{V_\pi}$。

当 $\Delta\phi = (2n+1)\pi$ (n 为整数) 时, DD-MZM 工作在 MITP, 且两臂 RF 信号相位差 $\Delta\theta = (2m+1)\pi$ (m 为整数), 调制器能够实现 DSB-SC 的调制。将该条件代入式 (2.6) 可得

$$E_{\mathrm{DSB\text{-}SC}}(t) = \dfrac{1}{2}E_0 e^{j\omega_c t}\left[e^{jm\cos(\omega_{\mathrm{RF}} t + \pi)} + e^{jm\cos(\omega_{\mathrm{RF}} t) + j\pi}\right] \tag{2.7}$$

忽略式中固定的相位项, 可将其化简为

$$E_{\mathrm{DSB\text{-}SC}}(t) = E_0 e^{j\omega_c t} \sin[m\cos(\omega_{\mathrm{RF}} t)] \tag{2.8}$$

由 Jacobi 系列展开式

$$\sin(\phi\cos\Omega) = 2\sum_{n=0}^{\infty}(-1)^n J_{2n+1}(\phi)\cos[(2n+1)\Omega] \tag{2.9}$$

代入式 (2.8) 可得

$$E_{\mathrm{DSB\text{-}SC}}(t) = 2E_0 e^{j\omega_c t}\sum_{n=0}^{\infty}(-1)^n J_{2n+1}(m)\cos[(2n+1)\omega_{\mathrm{RF}} t] \tag{2.10}$$

由于一般情况下加载到调制器的 RF 信号均为小信号, 即调制器处于弱调制情况下 ($m \ll 1$), 高阶边带的能量远小于一阶边带, 因此, 忽略式 (2.10) 中的高阶分量, 可得

$$E_{\mathrm{DSB\text{-}SC}}(t) = E_0 J_1(m)\left[e^{j(\omega_c + \omega_{\mathrm{RF}})t} + e^{j(\omega_c - \omega_{\mathrm{RF}})t}\right] \tag{2.11}$$

由式(2.11)可知,输出光信号的中心载波受到了抑制,主要能量集中在上、下一阶边带处,角频率分别为 $\omega_c+\omega_{RF}$ 和 $\omega_c-\omega_{RF}$。

利用 OptiSystem 15.0 软件对 DSB-SC 调制过程进行仿真,设输入 DD-MZM 两臂的 RF 信号频率均为 28 GHz,幅度为 2 V,相位差为 180°。调制器半波电压 V_π 为 4 V,为使其工作在 MITP 点,设置两臂偏置电压满足 $V_{DC1}-V_{DC2}=4$ V。仿真得到的外调制方式输出信号光谱图如图 2.4(a)所示,从图中可以看出中心频率与上下一阶边带频率差为 28 GHz,且中心载波信号被抑制。DSB-SC 调制方式常被应用于光生毫米波和光载无线通信(radio over fiber, RoF)的场景中,由于其能够实现对低频信号倍频的功能,因此,在后文的研究中,基于 DSB-SC 方式设计了卫星微波变频的方案。

同样地,当 $\Delta\phi=\dfrac{(2n+1)\pi}{2}$($n$ 为整数)时,DD-MZM 工作在 QP 状态,且两臂的 RF 信号相位差 $\Delta\theta=\dfrac{(2m+1)\pi}{2}$($m$ 为整数),调制器能够实现 DSB 的调制方式。与 DSB-SC 方式相比,它并未对中心载波进行抑制,将 $\Delta\phi$ 与 $\Delta\theta$ 的值代入式(2.6),可得到表达式为

$$\begin{aligned}E_{DSB}(t)&=\frac{1}{2}E_0\mathrm{e}^{j\omega_c t}\left[\mathrm{e}^{jm\cos(\omega_{RF}t+\pi)}+\mathrm{e}^{jm\cos(\omega_{RF}t)+j\frac{\pi}{2}}\right]\\&=\frac{\sqrt{2}}{2}E_0\mathrm{e}^{j\omega_c t}\left[\cos(m\cos(\omega_{RF}t))-\sin(m\cos(\omega_{RF}t))\right]\end{aligned} \quad (2.12)$$

根据贝塞尔函数展开式,将其展开化简,并忽略高次谐波分量后可得

$$E_{DSB}(t)=\frac{\sqrt{2}}{2}E_0\left\{J_0(m)\mathrm{e}^{j\omega_c t}-J_1(m)\left[\mathrm{e}^{j(\omega_c+\omega_{RF})t}+\mathrm{e}^{j(\omega_c-\omega_{RF})t}\right]\right\} \quad (2.13)$$

由式(2.13)可知,DSB 调制输出信号的频率,分量主要包括中心载波 ω_c 和上、下一阶边带 $\omega_c+\omega_{RF}$ 与 $\omega_c-\omega_{RF}$。仿真得到的 DSB 外调制方式输出光谱如图 2.4(b)所示。

DD-MZM 调制器还可实现 SSB 的调制方式。当 $\Delta\phi=\dfrac{(2n+1)\pi}{2}$($n$ 为整数),且两臂 RF 信号相位差为 $\Delta\theta=\dfrac{(2m+1)\pi}{2}$($m$ 为整数)时,式(2.6)可表示为

$$E_{SSB}(t)=\frac{1}{2}E_0\mathrm{e}^{j\omega_c t}\left[\mathrm{e}^{jm\cos(\omega_{RF}t)}+\mathrm{e}^{jm\cos\left(\omega_{RF}t+\frac{\pi}{2}\right)+j\frac{\pi}{2}}\right] \quad (2.14)$$

同理,对其根据贝塞尔函数展开,并忽略高阶分量后可得

$$E_{SSB}(t)=\frac{1}{2}E_0\left[(j+1)J_0(m)\mathrm{e}^{j\omega_c t}+2J_1(m)\mathrm{e}^{j(\omega_c-\omega_{RF})t}\right] \quad (2.15)$$

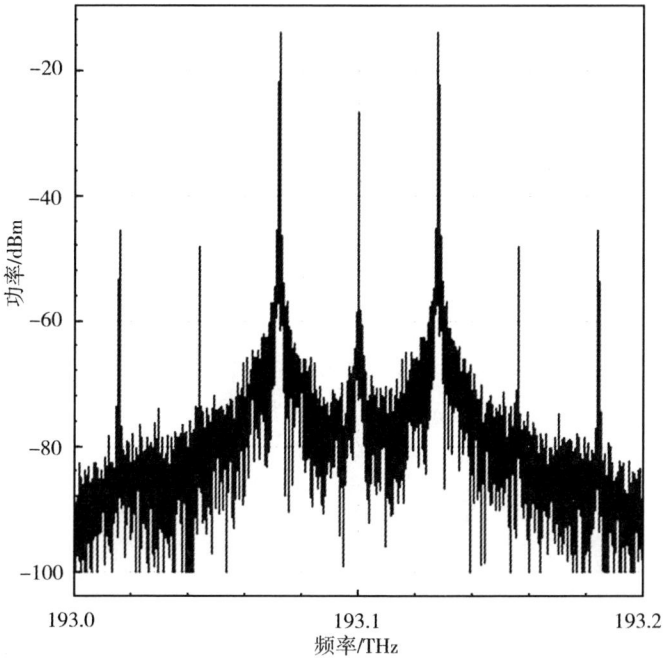

(a) DSB-SC 外调制方式输出信号光谱图

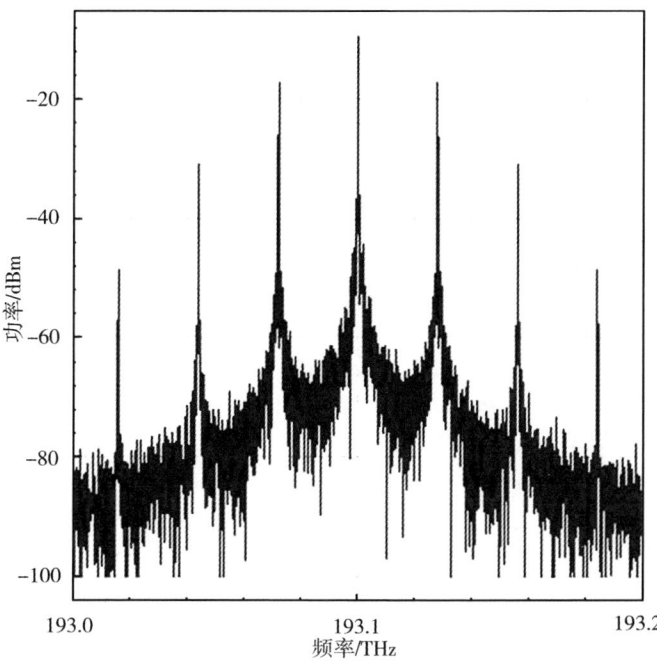

(b) DSB 外调制方式输出光谱图

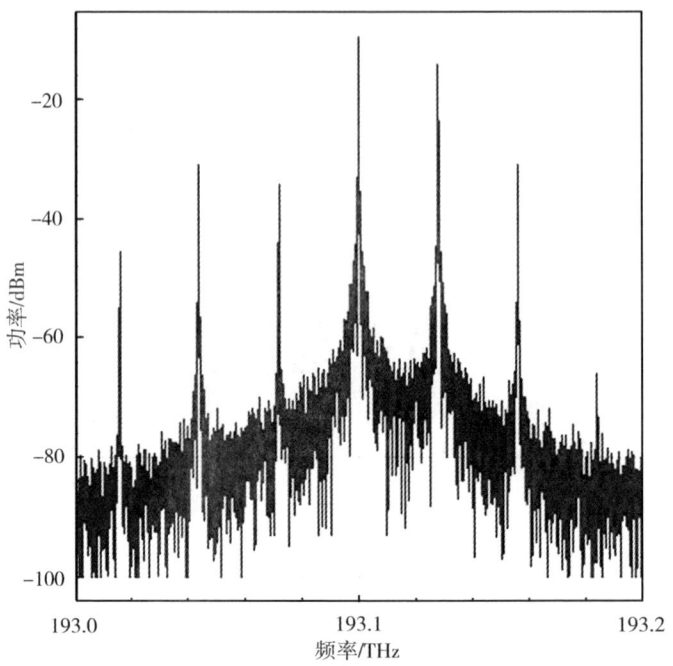

(c) SSB 外调制方式光谱图

图 2.4 基于 MZM 的三种外调制方式光谱图

由式(2.15)可看出，SSB 调制输出光信号的能量集中在中心载波 ω_c 和其中一个一阶边带 $\omega_c-\omega_{RF}$ 处，而另一个一阶边带得到了抑制，对 SSB 调制方式进行仿真，得到的外调制方式光谱图如图 2.4(c)所示。由于三种调制方式输出光谱的频率分量存在差异，因此，通过选择合适的调制方式，可以实现不同的微波信号变频。

2.2　微波信号光域变频技术

与光调制技术相对应，微波光子变频技术根据实现原理的不同，分为直接调制法和外调制法。与直接调制法相比，外调制法具有更高的变频带宽和变频增益，能够支持更高的 RF 输入功率。同时，由对 MZM 工作原理的讨论可知，通过改变 MZM 的调制方式和级联结构，能够实现多种类型的变频方案，从而使变频的需求与不同的外调制方案完美结合。

2.2.1 基于级联 IM 的变频方案

基于级联 IM 的变频方案结构图，如图 2.5 所示。将激光器输出的光信号送入第一级 IM，RF 信号 $V_{RF}(t)$ 在 IM1 中对光载波进行调制，控制直流偏置电压 V_{DC1}，使 IM1 工作在 QP 状态，输出的 DSB 信号直接送入第二级 IM，在 IM2 中本振信号 $V_{LO}(t)$ 对光信号进行调制，经过光放大器后送至 PD 拍频，得到所需的中频(intermediate frequency，IF)信号。

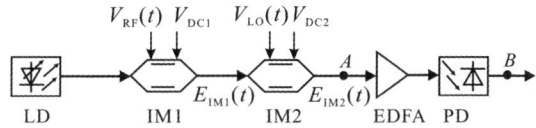

图 2.5　基于级联 IM 的变频方案结构图

假设激光器输出的光信号为 $E_0 \exp(j\omega_c t)$，输入的 RF 信号为 $V_{RF}(t) = V_{RF}\cos(\omega_{RF}t)$，$V_{DC1} = \dfrac{V_\pi}{2}$，代入式(2.5)可得 IM1 输出光信号的表达式为

$$E_{IM1} = E_0 e^{j\omega_c t}\cos\left(\frac{\pi V_{RF}\cos(\omega_{RF}t)}{2V_\pi} + \frac{\pi}{4}\right) \tag{2.16}$$

经过贝塞尔分数展开，仅保留中心频率和一阶边带分量，可得

$$E_{IM1} = \frac{\sqrt{2}}{2}E_0 e^{j\omega_c t}\left[J_0(m_{RF}) - 2J_1(m_{RF})\cos(\omega_{RF}t)\right] \tag{2.17}$$

式中，$m_{RF} = \dfrac{\pi V_{RF}}{V_\pi}$。IM2 同样工作在正交点，本振信号 $V_{LO}(t) = V_{LO}\cos(\omega_{LO}t)$ 输入 IM2 后，得到的输出可表示为

$$\begin{aligned}E_{IM2} &= \frac{\sqrt{2}}{2}E_0 e^{j\omega_c t}\left[J_0(m_{RF}) - 2J_1(m_{RF})\cos(\omega_{RF}t)\right]\cos\left(\frac{\pi V_{LO}(\cos\omega_{LO}t)}{2V_\pi} + \frac{\pi}{4}\right) \\ &= \frac{1}{2}E_0 e^{j\omega_c t}\left[J_0(m_{RF}) - 2J_1(m_{RF})\cos(\omega_{RF}t)\right] \times \\ &\quad \left[J_0(m_{LO}) + 2\sum_{n=1}^{\infty}(-1)^n J_{2n}(m_{LO})\cos(2n\omega_{LO}t) + \right. \\ &\quad \left. 2\sum_{n=0}^{\infty}(-1)^n J_{2n+1}(m_{LO})\cos((2n+1)\omega_{LO}t)\right]\end{aligned} \tag{2.18}$$

由式(2.18)可知,如果本振信号功率较大,IM2 将产生较多的频率分量,导致 RF 信号经过 PD 与各谐波拍频后,产生较多无用的频率分量。因此,这种级联 IM 的变频方案要求输入的 RF 和 LO 信号均为小信号,这会导致得到的 IF 信号功率较低、系统变频增益较小。

利用 OptiSystem 对该变频方案进行仿真,设输入 RF 信号频率和幅度分别为 12.5 GHz 和 0.1 V,本振信号的频率和幅度分别为 10 GHz 和 0.2 V,激光器输出功率为 10 dBm,调制器半波电压为 4 V。得到 IM2 输出的光谱图和 PD 拍频后的频谱图,如图 2.6 所示。由图 2.6 可看出,IM2 输出的光信号经过拍频后,得到的频率分量主要包括(由低至高):$\omega_{RF}-\omega_{LO}$、ω_{LO}、ω_{RF} 和 $\omega_{RF}+\omega_{LO}$。输出频谱的主要能量集中在 ω_{LO} 和 ω_{RF} 频率处,杂波成分较多,且由于光载波的存在,掺铒光纤放大器(erbium-doped fiber amplifier, EDFA)无法单独将变频所需边带放大,因此这种方案变频效率较低。

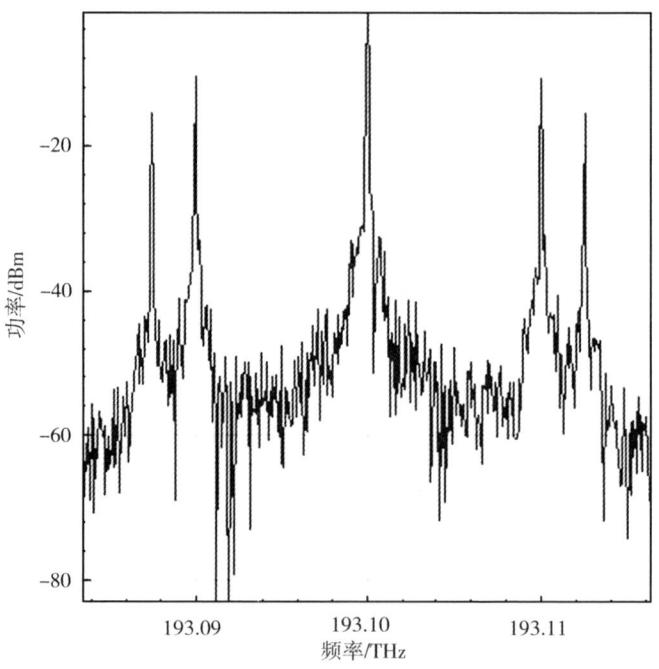

(a) IM2 输出光谱图

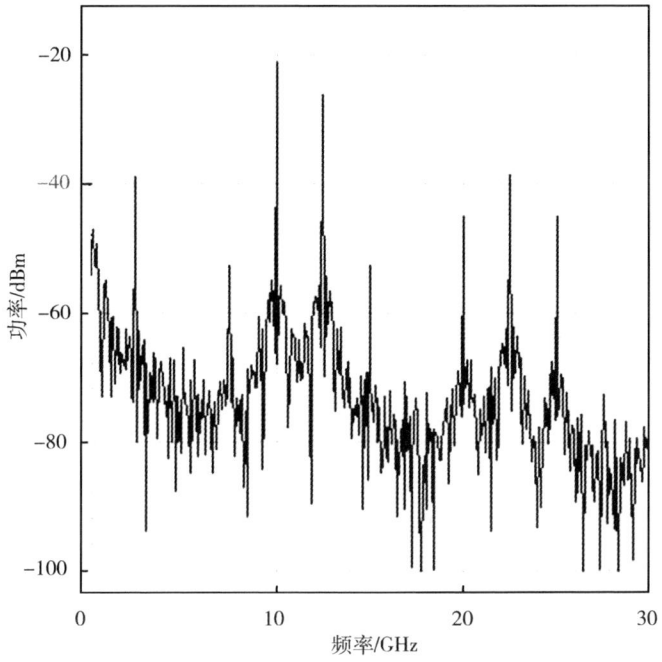

(b) PD 输出电信号频谱图

图 2.6 基于级联强度调制器的变频方案

2.2.2 基于双驱动 MZM 的变频方案

基于 DD-MZM 的变频方案结构图，如图 2.7 所示。激光器输出的光载波直接送入 DD-MZM，RF 信号 $V_{RF}(t)$ 从调制器上臂输入，另一个臂输入 LO 信号 $V_{LO}(t)$，通过控制两臂的偏置电压 V_{DC1} 和 V_{DC2}，使输出的光信号载波得到抑制，最后经过 PD 拍频得到所需的频率分量。

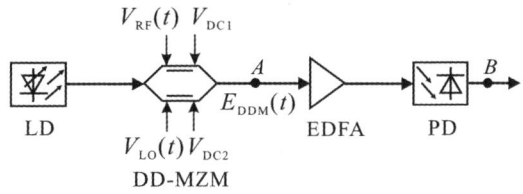

图 2.7 基于 DD-MZM 的变频方案结构图

假设 ϕ 为两臂偏置电压引入的相移差，则 $\phi = \dfrac{\pi(V_{DC1}-V_{DC2})}{V_\pi}$，RF 信号和 LO 信号输入到 DD-MZM 两臂后，输出的光信号可表示为

$$E_{DDM}(t) = \frac{1}{2}E_0 e^{j\omega_c t}(e^{jm_{RF}\cos\omega_{RF}t+j\phi}+e^{jm_{LO}\cos\omega_{LO}t})$$

$$= \frac{1}{2}E_0 e^{j\omega_c t}\left[e^{j\phi}\sum_{n=-\infty}^{\infty}(j)^n J_n(m_{RF})e^{jn\omega_{RF}t}+\sum_{n=-\infty}^{\infty}(j)^n J_n(m_{LO})e^{jn\omega_{LO}t}\right]$$

(2.19)

同样地，调制器处于弱调制条件下，忽略高阶分量后可将式(2.19)简化为

$$E_{DDM}(t) = \frac{1}{2}E_0 e^{j\omega_c t}\left[e^{j\phi}J_0(m_{RF})+J_0(m_{LO})+\right.$$

$$\left. 2je^{j\phi}J_1(m_{RF})\cos\omega_{RF}t+2jJ_1(m_{LO})\cos\omega_{LO}t\right] \quad (2.20)$$

通过调节偏置电压 V_π，使中心载波 $e^{j\phi}J_0(m_{RF})+J_0(m_{LO})$ 得到抑制，保留 RF 和 LO 信号的一阶边带，以便经过 PD 拍频后得到较为纯净的 IF 信号。

仿真搭建基于 DD-MZM 的变频系统，得到的 DD-MZM 输出的光谱图和 PD 输出的电信号频谱图，如图 2.8 所示。输入 RF 信号和 LO 信号幅度均为 0.1 V，由图 2.8 可知，DD-MZM 输出光谱中主要频率分量为 RF 和 LO 的一阶分量，经过拍频后产生的频率分量主要有（由低至高）：$\omega_{RF}-\omega_{LO}$，$2\omega_{LO}$，$\omega_{RF}+\omega_{LO}$，$2\omega_{RF}$。

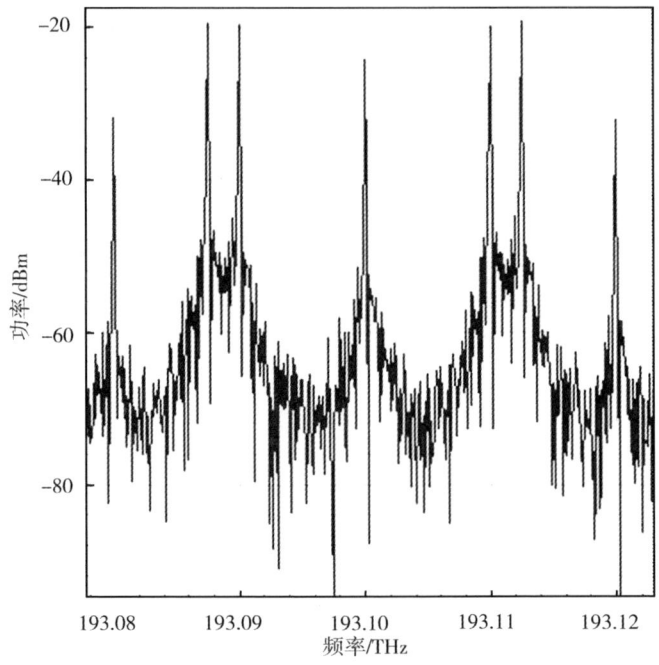

(a) DD-MZM 输出的光谱图

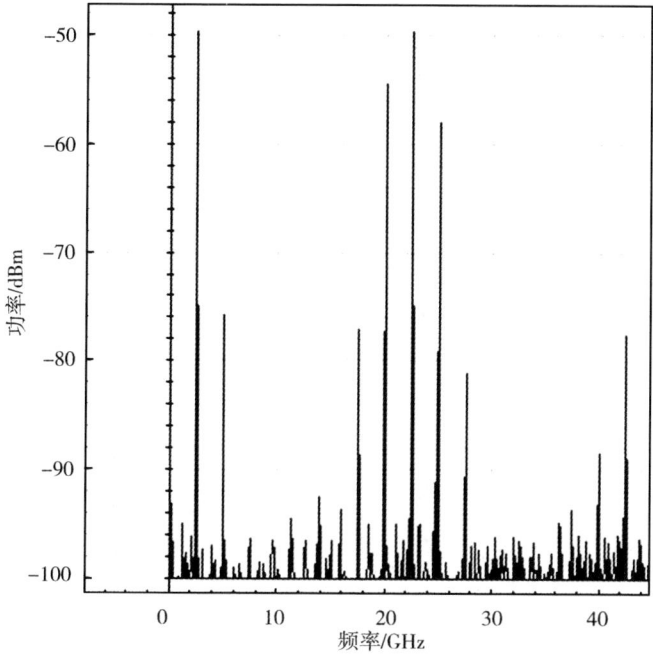

(b) PD 输出的电信号频谱图

图 2.8　基于 DD-MZM 的变频方案

由于该方案抑制了光载波信号，且所需的中频信号是通过 RF 和 LO 信号的一阶边带拍频得到的，因此，通过 EDFA 将变频所需频率分量进行放大，能够有效提高变频增益和信号质量。与级联 IM 的方案相比，该方案具有链路损耗小、偏压控制难度小和变频效率高等特点。

2.2.3　基于双平行 MZM 的变频方案

双平行马赫-曾德尔调制器（dual-parallel Mach-Zehnder modulator，DP-MZM）由三个调制器构成，两个平行的 DD-MZM 分调制器集成于主调制器两臂上，其结构示意图如图 2.9 所示。输入的光信号被均分为两路，RF 信号 $V_{RF1}(t)$ 至 $V_{RF4}(t)$ 通过两臂的调制器输入，光信号在主调制器合路后输出。两个分调制器具有 RF 端口和直流偏置端口，主调制器仅有直流偏置端口，能够对两臂之间的相位差进行调节。

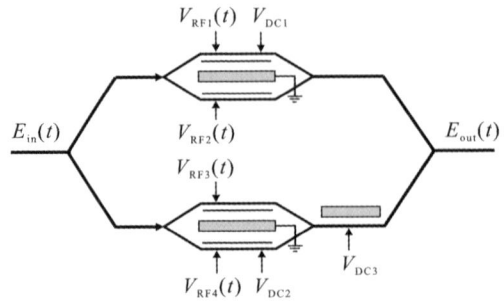

图 2.9　DP-MZM 结构示意图

基于 DP-MZM 的变频方案如图 2.10 所示，输入的 RF 信号 $V_{RF}(t)$ 和 LO 信号 $V_{LO}(t)$ 均通过 90°耦合器被分为两路，两路信号的相位差为 90°。$V_{RF}(t)$ 两路信号分别输入主调制器上、下两臂，$V_{LO}(t)$ 则交叉处理，移相 90°的信号输入上臂，0°输入下臂。子调制器工作在 SSB 调制方式，主调制器的偏置电压为 $V_{DC3}=\dfrac{V_\pi}{2}$，工作在 QP 处。

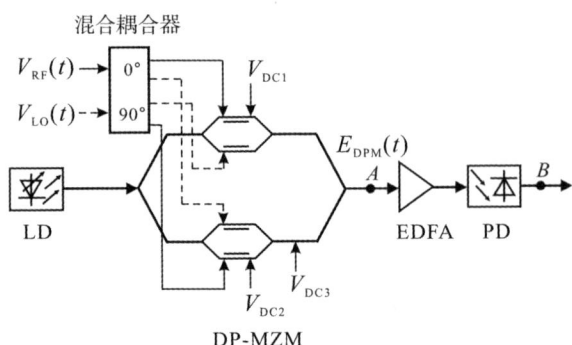

图 2.10　基于 DP-MZM 的变频方案结构图

假设仅有 RF 信号输入，通过 90°耦合器被分为两路，则通过 DP-MZM 调制后得到的输出可表示为

$$E_{RF}(t)=\frac{\sqrt{2}}{2}E_0 e^{j\omega_c t}\left[\cos\left(\frac{\pi V_{RF}\cos\omega_{RF}t}{2V_\pi}+\frac{\pi}{2}\right)+\cos\left(\frac{\pi V_{RF}\cos\left(\omega_{RF}t+\frac{\pi}{2}\right)}{2V_\pi}+\frac{\pi}{2}\right)\right]e^{j\frac{\pi}{2}}$$

(2.21)

同理,若仅有 LO 信号输入,输出的光信号电场强度为

$$E_{\mathrm{LO}}(t) = \frac{\sqrt{2}}{2} E_0 \mathrm{e}^{\mathrm{j}\omega_c t} \left[\cos\left(\frac{\pi V_{\mathrm{LO}} \cos\left(\omega_{\mathrm{LO}} t + \frac{\pi}{2}\right)}{2V_\pi} + \frac{\pi}{2} \right) + \cos\left(\frac{\pi V_{\mathrm{LO}} \cos\omega_{\mathrm{LO}} t}{2V_\pi} + \frac{\pi}{2} \right) \mathrm{e}^{\mathrm{j}\frac{\pi}{2}} \right]$$
(2.22)

因此,通过叠加可得到 DP-MZM 输出光信号的表达式。经过贝塞尔函数展开和忽略高次项可得

$$\begin{aligned} E_{\mathrm{DPM}}(t) &= E_{\mathrm{RF}}(t) + E_{\mathrm{LO}}(t) \\ &= \sqrt{2} E_0 \mathrm{e}^{\mathrm{j}\omega_c t} \left[-J_1(m_{\mathrm{RF}}) \cos\omega_{\mathrm{RF}} t + \mathrm{j} J_1(m_{\mathrm{RF}}) \sin\omega_{\mathrm{RF}} t + \right. \\ &\quad \left. J_1(m_{\mathrm{LO}}) \sin\omega_{\mathrm{LO}} t - \mathrm{j} J_1(m_{\mathrm{LO}}) \cos\omega_{\mathrm{LO}} t \right] \\ &= \sqrt{2} E_0 \left[-J_1(m_{\mathrm{RF}}) \mathrm{e}^{\mathrm{j}(\omega_c - \omega_{\mathrm{RF}})t} - \mathrm{j} J_1(m_{\mathrm{LO}}) \mathrm{e}^{\mathrm{j}(\omega_c + \omega_{\mathrm{LO}})t} \right] \end{aligned}$$
(2.23)

由式(2.23)可知,通过对输入信号初始相位和两臂之间相位差的控制,输出光信号包括频率分量仅有 RF 信号的一阶下边带 $\omega_c - \omega_{\mathrm{RF}}$ 和 LO 信号的一阶上边带 $\omega_c + \omega_{\mathrm{LO}}$,光载波信号也得到了抑制。经过 PD 后,只有两个一阶边带进行拍频,可以得到只有单一频率的电信号。

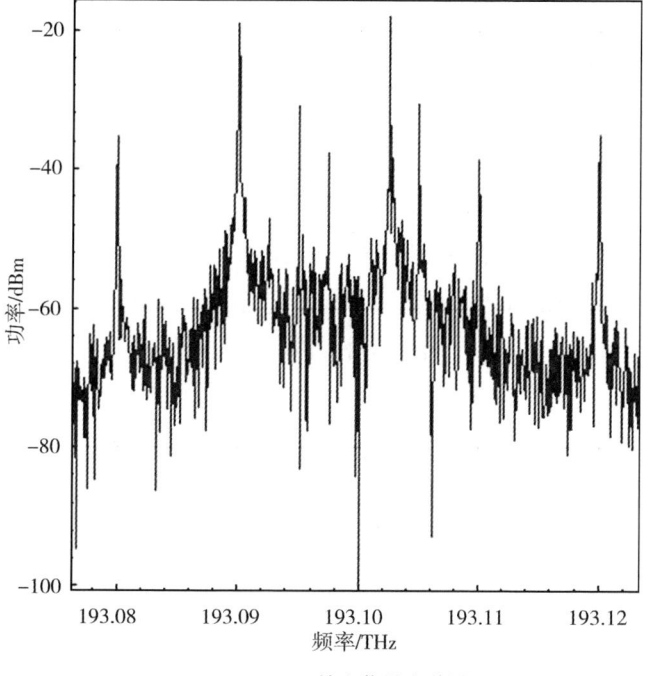

(a) DP-MZM 输出信号光谱图

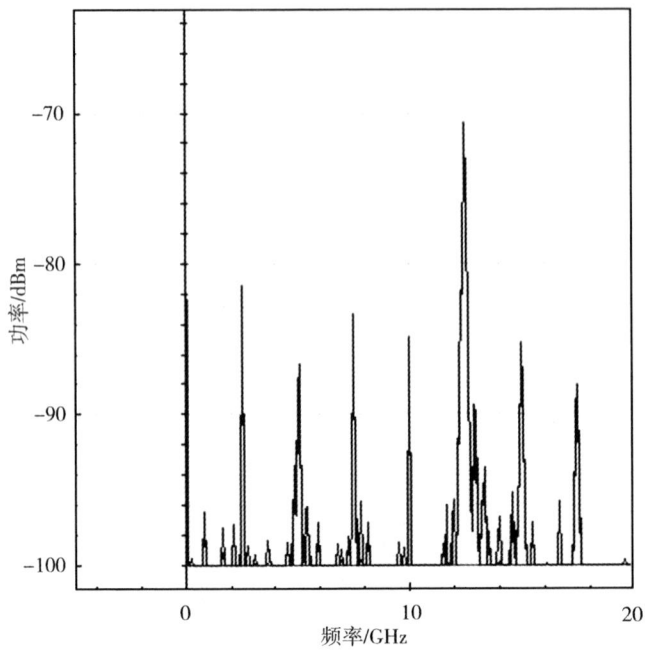

(b) PD 输出电信号频谱图

图 2.11 基于 DP-MZM 的变频方案

对该方案进行仿真，设输入 RF 信号和 LO 信号频率分别为 10 GHz 和 2.5 GHz，可以得到 DP-MZM 输出信号光谱图和 PD 输出电信号频谱图，如图 2.11 所示。图 2.11 中，RF 信号一阶下边带与中心载波之间的频率间隔为 10 GHz，LO 信号一阶上边带距离中心载波的频率间隔为 2.5 GHz，PD 拍频后仅包括 $\omega_{RF}+\omega_{LO}$ 的频率分量，实现了将 10 GHz RF 信号上变频至 12.5 GHz 的过程。通过改变 LO 信号输入 DP-MZM 的初始相位，同样可以实现 RF 信号下变频功能。

与前两种方案相比，基于 DP-MZM 的变频方案由于仅输出 RF 和 LO 信号的一个边带，因此拍频得到的电信号仅包含和频或差频一个频率分量，频谱较为纯净，无须额外的电滤波器滤除其他杂波。由于光载波得到了抑制，主要能量集中于有用边带，因此变频效率较高。该方案输入信号相位和偏置电压的控制方式较复杂，与前两种方案相比，系统复杂度较高。

在 DP-MZM 的基础上，基于偏振复用的双平行马赫−曾德尔调制器（polarization division multiplexing dual parallel Mach-Zehnder modulator，PDM-DPMZM）是一种集成式的新型电光调制器，其主要由两个并行放置的子 DP-MZM、一个

90°偏振旋转器(polarization rotator,PR)和一个偏振合束器(polarization beam combiner,PBC)组成。由于 DD-MZM 和 DP-MZM 的工作原理是 PDM-DPMZM 的基础,已经在前文进行了详细的理论推导和仿真验证,同时,本书第 6 章主要基于 PDM-DPMZM 对可重构本振谐波混频进行研究,故 PDM-DPMZM 的工作原理分析可见第 6 章方案的原理分析部分,此处不再赘述。

◆ 2.3 卫星微波光子链路非线性失真特性

由上一节的理论推导和仿真可知,在微波信号光调制或变频过程中,光调制器是一种非线性器件,它会导致系统产生非线性失真,使输出信号产生新的频率成分,从而导致链路增益降低,限制了信号传输的最大功率,严重影响系统性能。因此,这里将给出描述微波光子链路性能的几个关键性指标,为下面对调制过程中产生的非线性失真进行抑制的研究奠定理论基础。

2.3.1 链路增益

链路增益是微波光子链路最基本的性能参数。在卫星微波光子链路中,链路增益是指经过自由空间光信道传输后,目的卫星输出端得到的 RF 信号与源卫星输入 RF 信号的功率之比,也被称为射频增益,可表示为

$$G_{\mathrm{RF}} = \frac{P_{\mathrm{out}}}{P_{\mathrm{in}}} \tag{2.24}$$

对于最基本的基于 MZM 外调制的强度调制-直接检测(intensity modulation direct detection,IM/DD)链路,当调制器处于弱调制情况(即输入 RF 信号幅度远小于调制器半波电压)时,射频增益可以表示为

$$G_{\mathrm{RF}} = \frac{I_{\mathrm{dc}}^2}{V_{\pi}^2} \pi^2 R_{\mathrm{i}} R_{\mathrm{o}} \mid H_{\mathrm{pd}} \mid^2 \tag{2.25}$$

式中,I_{dc} 为 PD 探测器输出的光电流;V_{π} 为调制器半波电压;R_{i} 和 R_{o} 分别为输入和输出阻抗;H_{pd} 表示光电二极管与匹配负载之间电路的幅频响应,对于单光电二极管的直接检测结构,H_{pd} 一般取 1/2。由式(2.25)可看出,通过提高 PD 探测器输出的光电流,能够提高链路的 RF 增益。此外,如果采用平衡探测的方式,链路增益会比使用单 PD 探测高出 6 dB,且能够对共模噪声有一定程度

的抑制,代价是链路接收单元结构变得复杂。

2.3.2 噪声系数

噪声系数(noise figure,NF)是微波光子链路信噪比(signal to noise ratio, SNR)恶化程度的关键指标,定义为输入端 SNR 与输出端 SNR 的比值,可表示为

$$\mathrm{NF} = \frac{\mathrm{SNR_{in}}}{\mathrm{SNR_{out}}} \tag{2.26}$$

一般情况下,输入只考虑热噪声的限制,则 $\mathrm{SNR_{in}} = \frac{P_{in}}{k_B T B}$,其中 P_{in} 为输入信号功率,k_B 为玻耳兹曼常数,$T=290$ K 为绝对温度,B 为信号带宽。而 $\mathrm{SNR_{out}} = \frac{P_{out}}{N_{out} B}$,$P_{out}$ 为输出信号功率,N_{out} 为光链路总的噪声功率,将其代入式(2.26),再利用式(2.24)可得

$$\mathrm{NF} = \frac{N_{out}}{G_{RF} k_B T} \tag{2.27}$$

在卫星微波光子链路中,总的输出噪声主要包括热噪声、散弹噪声和相对强度噪声(relative intensity noise,RIN)。

热噪声是由导体内自由电子的布朗运动引起的噪声,可由输入端和输出端热噪声之和计算得到,其表达式为

$$N_{th} = k_B T + G_{RF} k_B T \tag{2.28}$$

散弹噪声是由随机到达光电探测器的光子产生的光电流的波动引起的,其表达式为

$$N_{shot} = 2q I_{dc} Z_{out} \tag{2.29}$$

式中,q 为电子电荷量。

相对强度噪声由激光器自发辐射产生,它会导致未调制的光载波的强度随机波动,光信号经过光电探测器后转化为光电流的随机波动,可表示为

$$N_{RIN} = \mathrm{RIN} \cdot I_{dc}^2 Z_{out} \tag{2.30}$$

式中,RIN 为激光器相对强度噪声参数,Z_{out} 为输出阻抗。因此,系统总噪声可以表示为

$$N_{tot} = N_{th} + N_{shot} + N_{RIN} \tag{2.31}$$

2.3.3 无杂散动态范围

在微波光子链路中,单频和双频 RF 信号输入到非线性系统中,产生谐波失真和交调失真,都会对通信系统的性能造成影响。只有输入信号在线性范围内,输出信号才不会包含非线性频率分量。因此,SFDR 定义了一个输入信号的功率范围,如图 2.12 所示,它量化了产生的新的频率分量对系统造成的影响。

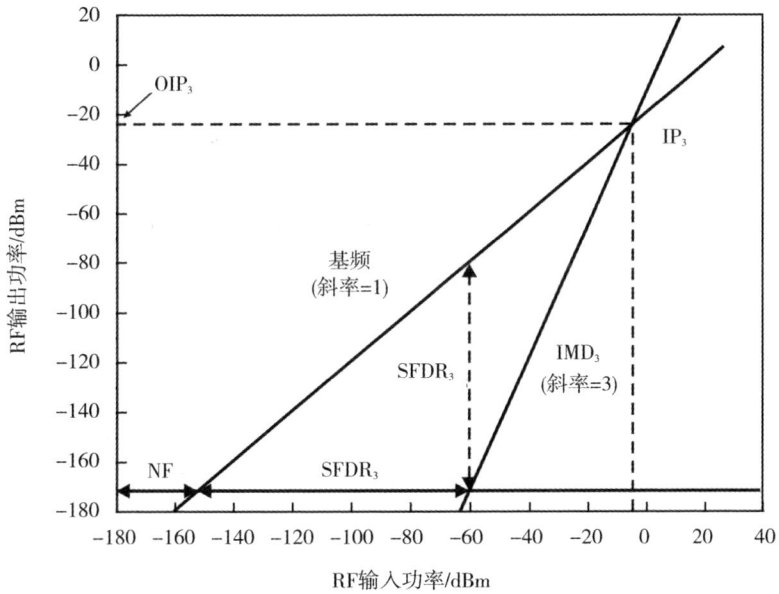

图 2.12　SFDR 和 OIP 示意图

以 $SFDR_3$ 为例,图 2.12 中给出了基频与三阶互调失真(third-order intermodulation distortion, IMD_3)信号功率随输入功率变化的曲线,两条直线交点对应的 RF 输出功率处定义为三阶输出截断点(output third-order intercept point, OIP_3)。SFDR 描述了随着输入信号增大,系统仍处于线性的功率范围。它以基频信号功率超过噪声的最小输入功率为起始点,至杂散信号未超过噪声的最大输入功率为结束点。第 n 阶 SFDR 可以表示为

$$\mathrm{SFDR}_n = \left(\frac{\mathrm{OIP}_n}{N_{\mathrm{tot}}}\right)^{\frac{n-1}{n}} \tag{2.32}$$

式中，OIP_n 为 n 阶输出截断点，它可以由系统的基频输出功率 $P_{\mathrm{RF},\omega}$ 与第 n 阶失真信号功率 $P_{\mathrm{RF},n\omega}$ 计算得到，表达式为

$$\mathrm{OIP}_n = \left(\frac{P_{\mathrm{RF},\omega}^n}{P_{\mathrm{RF},n\omega}}\right)^{\frac{1}{n-1}} \tag{2.33}$$

◆ 2.4 本章小结

实现微波信号的光调制，是实现卫星微波光子通信的关键和基础。本章首先对比了直接调制和外调制这两种微波信号光调制方式的结构和特点，由于基于 DD-MZM 的外调制的结构具有调制带宽高、结构灵活和技术成熟等优点，因此，本书后续的微波光子实验系统将选择外调制方式来实现光域变频。其次，通过理论推导，对变频系统中常用的三种调制方式（DSB-SC/DSB/SSB）的原理进行了分析研究，给出了三种典型的微波信号光域变频的方案，并仿真对比了三种方案的性能，分析了各自的优缺点，这为后续卫星多频段变频方案的选择提供了依据。最后，给出了微波光子链路的主要性能参数，包括链路增益、噪声指数和 SFDR 等链路的评价指标，为对调制过程中产生的非线性失真进行抑制的研究奠定了理论基础。

第3章 卫星激光-微波混合网络交换系统结构与链路性能优化研究

目前,星间激光链路成为数据中继卫星发展的主要方向,而微波链路依然是卫星通信系统和未来空间信息网络体系的重要组成部分。因此,随着近年来卫星激光通信的不断发展和各国多星组网布局的加快,解决面向高通量卫星激光-微波混合网络中继交换的问题日益迫切。在20世纪80年代末,美国麻省理工学院的Chan等人,提出了基于卫星激光-微波混合网络架构的WDM路由/交换技术,给出了空间交换节点应具备的功能。2015年,NASA的格伦研究中心团队开展了"一体化射频与激光通信(integrated radio and optical communication,iROC)"计划的研究,该系统的通信终端由3 m射频网格天线和30 cm的光学望远镜组成,其中还集成了Ka波段和激光通信共享的软件定义调制解调器,对未来卫星混合网络通信终端进行了探索。2016年,欧洲航天局的EDRS-A计划提出在GEO卫星之间建立高速激光链路,且通信终端可提供Ka波段和激光两种双向星间链路,论证了通过GEO高速激光链路构建空间数据中继通道的可行性。

以上关于卫星激光-微波混合网络的研究中,多数集中在点到点的高速激光链路可行性论证及通信终端的研制方面,对激光和微波混合组网与交换的研究较少,且未见对卫星激光-微波混合组网方式和交换节点功能架构的研究。因此,本章提出了卫星激光-微波混合组网方案和弹性带宽交换网络架构,设计了激光-微波链路混合交换系统的结构。然后以混合网络中的一条微波光子链路为基本单元,建立了IM/DD星间微波光子链路模型,对链路非线性失真的抑制方案进行研究,得出了最佳链路性能的最优偏置点和调制指数,可作为后续实验研究的参考依据,验证所设计混合交换节点应用于卫星网络的可行性。

本章后续内容如下:3.1节设计了卫星激光-微波混合网络交换系统的结构,分析了混合交换节点的功能;3.2节提出了抑制卫星微波光子链路非线性失真的方案,并对基于 OFDM 信号的星地链路传输性能进行了优化;3.3 节为本章总结。

◆ 3.1 卫星激光-微波混合网络与交换节点总体结构

3.1.1 卫星激光-微波混合网络

卫星激光-微波混合网络拓扑结构示意图与功能架构示意图分别如图 3.1(a)和图 3.1(b)所示。

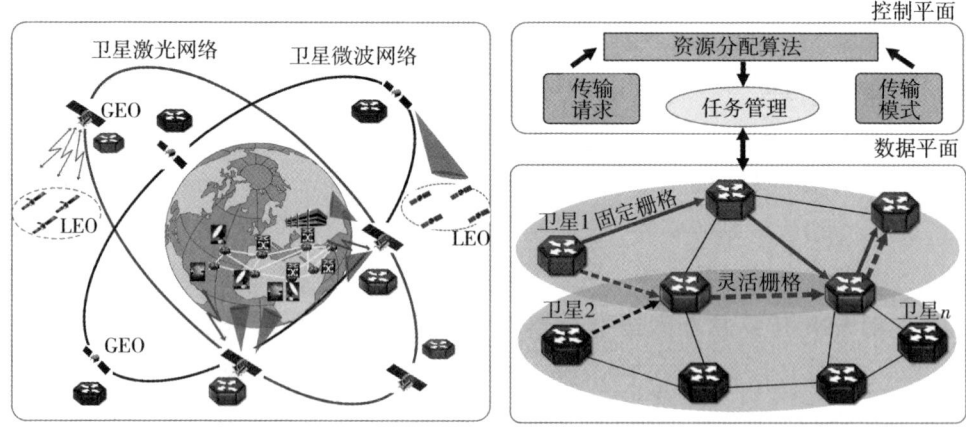

(a)卫星激光-微波混合网络拓扑结构示意图　　(b)卫星激光-微波混合网络功能架构示意图

图 3.1　激光-微波混合卫星网络

图 3.1(a)中,左侧和右侧分别表示卫星激光网络(未来要建的)和卫星微波网络(已有的),GEO 卫星可以通过激光或微波两种方式与 GEO 卫星/LEO 卫星/地面站或地面网络进行通信,激光网络与微波网络之间通过混合交换节点实现交换和互连,而纯光交换节点和纯微波交换节点是这种混合交换节点的简化版,因此,它的性能将对网络起到至关重要的作用。图 3.1(b)中上方节点为全光交换节点,带宽分配采用固定栅格或灵活栅格模式,且满足 ITU-T 50 GHz 栅格标准;下方节点为微波交换节点,微波波段包括 C 波段、Ku 波段、Ka 波段等;中间两个节点为激光-微波混合交换节点,具备业务灵活调度和频谱重构

等功能,带宽分配使用灵活栅格模式,最小频隙的带宽为 12.5 GHz。由以上三类交换节点构成的网络既可以实现传统的 WDM 固定栅格网络中波长粒度的交换,又能够为不同的卫星数据业务提供子波长级和超波长级弹性通道带宽,以适应未来卫星多种带宽粒度数据业务传输的需求,包括空间数据中心的大数据传输等。

控制平面基于星上的传输请求和业务模型,使用适合的资源分配算法和弹性带宽分配策略,通过软件定义的方式控制数据平面对节点可编程,对星上带宽资源重新整合和分配。同时,针对节点不同的交换粒度,可采用对应的频隙域预留策略,进行频谱重构。

3.1.2 混合交换节点

基于所提出的弹性带宽交换的卫星网络架构,设计了激光-微波链路混合交换节点结构,其原理图如图 3.2 所示。节点的上半部分实现各个激光链路通道之间的交换,主要由 WSS 和 MEMS 光开关阵列配合完成,它属于电路交换,在数据到达之前在信令网传输的信令和协议的管控之下,节点频谱重构、动态分配波长和配置带宽,然后建立链路实现交换。当交换任务完成后,在网络信令的控制下拆除链路,节点释放频谱资源,为下一时刻或新的交换请求做好准备。

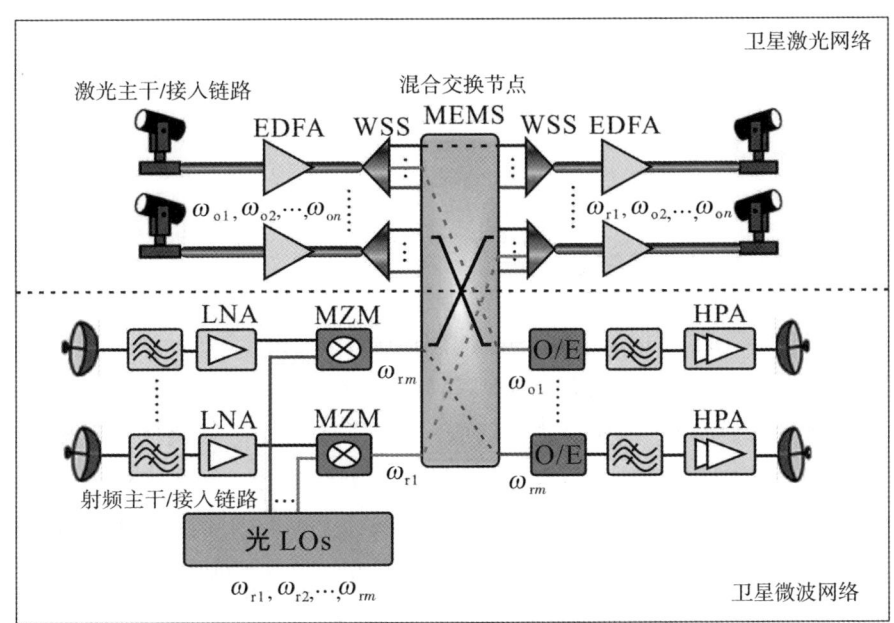

图 3.2 卫星激光-微波混合交换节点构成框图

节点的下半部分实现微波链路之间的交换和微波频率在光域内的变换。基于微波光子技术将不同频段的微波信号经滤波和低噪放大(low noise amplifier, LNA)处理后，通过 MZM 与多频光本振在光域内进行混频。同样地，光信号经过 MEMS 光开关切换至对应通道，经过光电探测器拍频作用后，再滤出对应的频率分量，完成射频到射频或中频的转换，使之与目的节点卫星波段匹配，从而实现射频链路的交换或接入。一方面，由于这部分采用的是光的处理手段实现微波链路的交换，将大幅度提高交换的性能，具有高带宽、低损耗、低串扰、小体积、低功耗和实现简单等优点。另一方面，由于这部分还具有频率转换功能，将大幅度减少出口的资源冲突，降低交换或接入的阻塞率，提高频谱资源的利用率。

同时，激光-微波混合交换节点还具有光-电和电-光的交换功能，能够将来自 LEO 或地面站的微波接入信号交换到光域，或者将来自卫星骨干网激光链路的数据经过光-电转换交换到微波域，从而实现高性能、灵活和高效地交换和接入。由此可见，卫星微波网络中的纯微波交换节点和卫星激光网络中的纯光交换节点，是这种混合交换节点的特例，具有其子集的功能，在此不再赘述。接下来，将交换节点中的卫星微波光子链路作为基本单元，对其结构和功能进行阐述，并对链路性能进行优化。混合交换节点的弹性带宽交换和变频功能将在第 4 章和第 5 章阐述。

◆ 3.2 卫星微波光子通信系统与链路非线性失真抑制研究

3.2.1 卫星微波光子链路

基于 IM/DD 的星间微波光子链路模型原理图，如图 3.3 所示。GEO1 卫星上待发送的射频信号 $V_{RF}(t)$ 通过 MZM 进行电-光调制，得到的光信号通过 EDFA 进行放大，以满足星间长距离传输的需求。然后，光信号耦合至发射天线发出，经过自由空间传输后被 GEO2 卫星的光学天线接收，链路损耗为 L。接收到的光信号依次通过光滤波器和光前置放大器，滤除太阳和其他恒星的背景光并对信号进行放大，最后通过 PD 将其转换为电信号，滤波得到原始的射频信号 $V_{RF}(t)$。

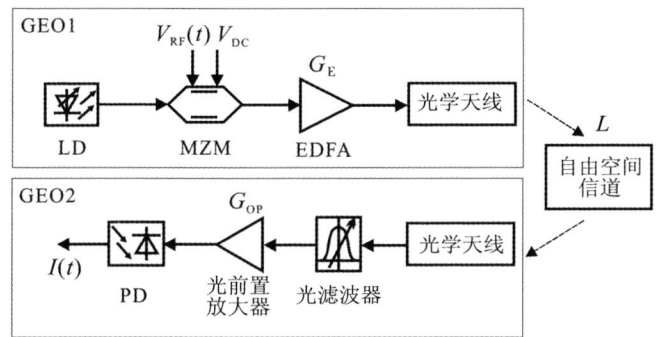

图 3.3 基于 IM/DD 的星间微波光子链路模型原理图

在信号传输过程中，链路的损耗 L 主要受发射和接收天线增益、自由空间传输损耗和指向误差损耗影响，则 L 可表示为

$$L = G_t L_{tpe} L_s L_{rpe} G_r \tag{3.1}$$

式中，G_t 和 G_r 分别为发射和接收天线的增益，L_{tpe} 和 L_{rpe} 分别为发射端和接收端的指向误差损耗，L_s 为自由空间光信号传输损耗。假设发射和接收天线具有相同的直径 D 和相同的耦合效率 η，则天线的增益可表示为

$$G_t = G_r = \eta \left(\frac{\pi D}{\lambda} \right)^2 \tag{3.2}$$

式中，λ 为激光器产生光信号的波长。假设卫星之间自由空间的距离为 z，则路径损耗可表示为

$$L_s = \left(\frac{\lambda}{4\pi z} \right)^2 \tag{3.3}$$

假设激光器发出的光信号为高斯光束，则发射和接收的指向误差损耗可分别近似表示为

$$L_{tpe} = \exp(-G_t \theta_t^2) \tag{3.4}$$

$$L_{rpe} = \exp(-G_r \theta_r^2) \tag{3.5}$$

式中，θ_t 和 θ_r 为发射和接收天线的径向指向误差角。将式(3.2)至式(3.5)代入式(3.1)可得

$$L = \left(\frac{\eta \pi D^2}{4\lambda z} \right)^2 e^{-G_t(\theta_t^2 + \theta_r^2)} \tag{3.6}$$

由于天线的指向误差是由卫星平台振动引起的，因此，可以分解为方位角和与其垂直的仰角两个标准随机过程。假设两个方向独立且均服从高斯分布，则天线的径向指向误差角 θ_t 和 θ_r 均满足莱斯分布。令 $\chi = \theta_t^2 + \theta_r^2$，则总的指向误差损

耗为 $L_{pe} = \exp(-G_t \chi)$，且服从卡方分布。因此，自由度为4的非中心卡方分布的概率密度函数为

$$P_\chi(\chi) = \frac{1}{2\sigma^2} \left(\frac{\chi}{4\phi^2}\right)^{\frac{1}{2}} \exp\left(-\frac{\chi+4\phi^2}{2\sigma^2}\right) I_1\left(\frac{2\phi\sqrt{\chi}}{\sigma^2}\right), \chi \geq 0 \quad (3.7)$$

式中，$I_1(\cdot)$ 为第一类修正贝塞尔函数，σ 为高斯随机变量标准差，ϕ 为初始指向误差角。因此，通过积分求出指向误差损耗 L_{pe}，并代入式(3.1)可求得链路的损耗 L 的值。

3.2.2 非线性失真的抑制

在卫星微波光子链路中，输入信号功率过低时，系统的噪声限制其可以传输的最小功率；而当输入信号功率较高时，又会导致系统产生增益压缩和交调失真等非线性效应。同时，调制器的偏置电压也会对链路的增益和非线性效应产生影响。因此，选择合适的直流偏置和调制指数，对抑制非线性失真、提高星间微波光子链路性能具有重要意义。

对于图3.3所示的 IM/DD 星间微波光子链路，PD 输出的光电流 $I(V_{DC}, t)$，可表示为

$$I(V_{DC}, t) = \frac{1}{2} P_{o,in} \alpha_{MZM} G_E L G_{pre} \Re \left[1 - \beta\cos\left(\frac{\pi V_{DC}}{V_{\pi,DC}} + \frac{\pi V_{RF}(t)}{V_{\pi,RF}}\right)\right] \quad (3.8)$$

式中，V_{DC} 为 MZM 的直流偏置电压；$P_{o,in}$ 为输入 MZM 的光信号的功率；α_{MZM} 为调制器插入损耗；G_E 和 G_{pre} 分别为 EDFA 和接收机前置放大器的增益；L 为链路损耗，由式(3.1)计算得到；$\Re$ 为光电探测器的响应度；$V_{\pi,DC}$ 与 $V_{\pi,RF}$ 分别为偏置端和 RF 端的半波电压。$V_{RF}(t) = V_{RF}\sin(\omega t)$ 为输入的微波信号，假设频率为 28 GHz，工作频段为 Ka 波段。β 为由于 MZM 非理想而引入的修正因子，可通过 $\beta = 1 - \frac{2P_{o,MZM,min}}{\alpha_{MZM} P_{o,in}}$ 计算得到，其中，$P_{o,MZM,min}$ 为 MZM 偏置为 0 时的最小输出功率，对于理想的 MZM，$P_{o,MZM,min}$ 为 0 且 β 为 1。

令 $m_{RF} = \frac{\pi V_{RF}}{V_{\pi,RF}}$ 表示调制指数 MI，也被称为调制深度。$\phi_{DC} = \frac{\pi V_{DC}}{V_{\pi,DC}}$ 为直流偏置电压引起的相移值，代入式(3.8)并通过贝塞尔函数展开可得

$$I(\phi_{DC}, t) = \frac{1}{2} G_E \zeta [1 - \beta\cos(\phi_{DC}) J_0(m_{RF})] +$$

$$G_E \zeta \beta \sin(\phi_{DC}) \sum_{n=0}^{\infty} J_{2n+1}(m_{RF}) \sin((2n+1)\omega t) -$$

$$G_E\zeta\beta\cos(\phi_{DC})\sum_{n=1}^{\infty}J_{2n}(m_{RF})\sin(2n\omega t) \qquad (3.9)$$

式中，$\zeta=P_{o,in}\alpha_{MZM}LG_{pre}\Re$，$J_m(\cdot)$ 为第 m 阶第一类贝塞尔函数。EDFA 的增益 G_E 的表达式为

$$G_E=\frac{G_{E,ss}}{1+\left(\dfrac{G_{E,ss}P_{o,MZM}}{P_{o,max}}\right)^{\gamma}} \qquad (3.10)$$

在式(3.10)中，$G_{E,ss}$ 为 EDFA 的小信号增益，$P_{o,max}$ 为 EDFA 的饱和输出功率，$P_{o,MZM}$ 为输入 EDFA 的光功率，表达式为 $P_{o,MZM}=\dfrac{1}{2}P_{o,in}\alpha_{MZM}\left[1-\beta\cos(\phi_{DC})\cdot J_0(m_{RF})\right]$。$\gamma$ 为与 EDFA 本身特性相关的经验常数。

由 PD 输出电流表达式(3.9)可以得到微波光子链路输出信号基频和各次谐波分量的表达式，其中基频、二次谐波和三次谐波的表达式为

$$P_{RF,\omega}=\frac{1}{2}(G_E\zeta\beta)^2\sin^2(\phi_{DC})J_1^2(m_{RF})Z_{out} \qquad (3.11)$$

$$P_{RF,2\omega}=\frac{1}{2}(G_E\zeta\beta)^2\cos^2(\phi_{DC})J_2^2(m_{RF})Z_{out} \qquad (3.12)$$

$$P_{RF,3\omega}=\frac{1}{2}(G_E\zeta\beta)^2\sin^2(\phi_{DC})J_3^2(m_{RF})Z_{out} \qquad (3.13)$$

式中，Z_{out} 为接收机的输出阻抗。由式(2.24)可以得到链路的增益为

$$G_{RF}=\frac{P_{RF,\omega}}{\dfrac{m_{RF}^2 V_{\pi,RF}^2}{\pi^2 Z_{in}}} \qquad (3.14)$$

式中，Z_{in} 为接收机的输入阻抗，当输入信号满足 $V_{RF}\ll V_{\pi,RF}$ 时，$J_n(m_{RF})$ 可由 $\dfrac{m_{RF}^n}{2^n n!}$ 近似计算得到。因此，将式(3.10)和式(3.11)代入式(3.14)，可得链路 RF 信号增益的解析表达式为

$$G_{RF}=\frac{(G_{E,ss}P_{o,in}\alpha_{MZM}LG_{pre}\Re\beta\pi)^2\sin^2(\phi_{DC})Z_{in}Z_{out}}{4V_{\pi,RF}^2\left\{1+\left[\dfrac{G_{E,ss}P_{o,in}\alpha_{MZM}(1-\beta\cos\phi_{DC})}{2P_{o,max}}\right]^{\gamma}\right\}^2} \qquad (3.15)$$

由于微波光子链路实质上是一种模拟信号传输系统，因此 MZM 固有的非线性特性引起的非线性失真会严重影响系统的 SFDR。可知，直流偏置和 MI 不仅会影响链路增益，由式(3.12)和式(3.13)可知，它同时会直接影响产生的各次谐波的功率，从而对通信系统性能造成影响。以三次谐波为例，将式(3.11)

和式(3.13)代入式(2.33)可以得到三阶输出截断点的表达式为

$$OIP_3 = \left(\frac{P_{RF,\omega}^3}{P_{RF,3\omega}}\right)^{\frac{1}{2}}$$

$$= 3(G_E\zeta\beta)^2 \sin^2(\phi_{DC}) Z_{out} \quad (3.16)$$

最后,将式(3.16)代入式(2.32),可得描述微波光子链路非线性的关键指标 $SFDR_3$ 的表达式为

$$SFDR_3 = \left(\frac{OIP_3}{N_{tot}}\right)^{\frac{2}{3}}$$

$$= \left[\frac{3(G_E\zeta\beta)^2 \sin^2(\phi_{DC}) Z_{out}}{N_{th} + N_{shot} + N_{RIN} + N_{ASE}}\right]^{\frac{2}{3}} \quad (3.17)$$

式中,分母为 PD 探测器输出的总噪声功率,式(2.28)至式(2.30)分别给出了链路中热噪声 N_{th}、散弹噪声 N_{shot} 和相对强度噪声 N_{RIN} 的计算表达式。由于采用了 EDFA,系统还会引入放大自发辐射(amplifier spontaneous emission,ASE)噪声 N_{ASE},它主要包括两部分:ASE 噪声项和 ASE 与信号的拍频项。因此,N_{ASE} 可表示为

$$N_{ASE} = N_{spo\text{-}spo} + N_{sig\text{-}spo}$$

$$= (\Re P_{spo} G_{pre})^2 \frac{Z_{out}}{B} + 2\Re^2 (P_{spo} G_{pre}) \times (P_{o,MZM} G_E G_{pre}) \frac{Z_{out}}{B} \quad (3.18)$$

式中,ASE 噪声功率 $P_{spo} = \dfrac{qn_{sp}(G_E-1)B}{\Re}$,$B$ 为光滤波器带宽,n_{sp} 为 EDFA 自发辐射系数。

基于以上分析,代入各参数可以得到链路增益、OIP 和 SFDR 随偏置电压和调制指数变化的曲线。微波光子链路主要参数如表 3.1 所列。

表 3.1 微波光子链路主要参数

符号	参数意义	参数值	符号	参数意义	参数值
D	接收和发送天线直径	0.35 m	β	调制器修正因子	0.93
η	天线耦合效率	0.8	$G_{E,ss}$	EDFA 小信号增益	29 dB
z	自由空间传输距离	40000 km	$P_{o,max}$	EDFA 饱和输出功率	20 dBm
λ	激光器波长	1550 nm	$\Re$	PD 响应度	0.8 A/W
$P_{o,in}$	MZM 输入光功率	5 dBm	Z_{in}, Z_{out}	输入/输出阻抗	50 Ω
α_{MZM}	调制器插入损耗	3.5 dB	G_{pre}	前置放大器增益	30 dB
$V_{\pi,DC}$	调制器直流端半波电压	5 V	RIN	激光器 RIN 参数	−135 dB/Hz
$V_{\pi,RF}$	调制器 RF 端半波电压	5 V	B	光滤波器带宽	5 GHz

将各参数代入式(3.15)，得到图3.4所示微波光子链路增益曲线。由图3.4可见，链路的增益随偏置电压的增大先迅速上升，之后缓慢下降。当调制指数 m_{RF} 为 0.1 时，链路增益最大值为 -43.9 dB，此时 $\frac{\phi_{DC}}{\pi} = \frac{V_{DC}}{V_{\pi,DC}} = 0.18$。因此，当调制器处于低偏置状态时，链路能获得更高的增益。当增大输入 RF 信号的幅度时，即增大调制指数 m_{RF}，链路的增益会同时得到提高。但是，由前文分析可知，当调制器的输入 RF 信号功率较大时，高阶贝塞尔函数的值将不能被忽略，系统将产生严重的非线性效应，导致动态范围下降。

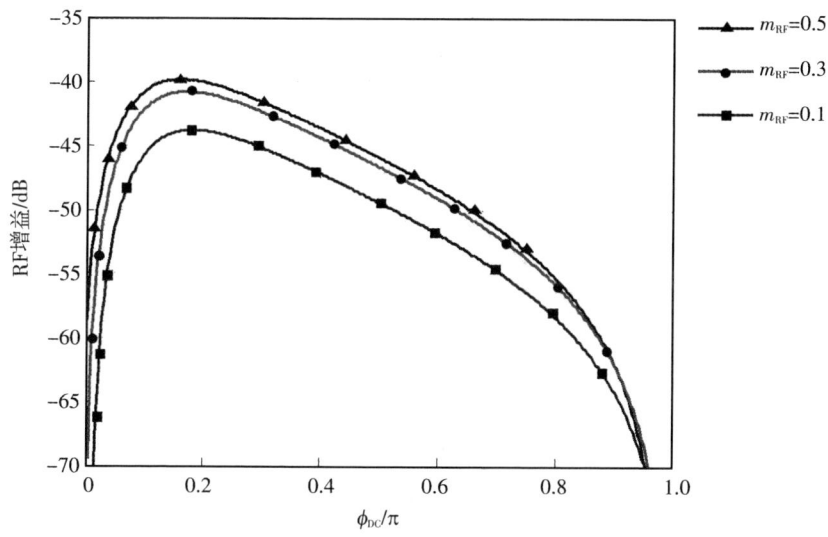

图 3.4 微波光子链路 RF 增益曲线图

由式(3.16)和式(3.17)可以得到链路 OIP_n 和 $SFDR_n$ 随相移 ϕ_{DC} 的变化曲线，如图3.5所示。图3.5(a)给出了二次和三次谐波输出截断点曲线，图3.5(b)为不同偏置和 m_{RF} 条件下 SFDR 的变化曲线。OIP_2 和 $SFDR_2$ 满足理论上在 $\frac{\phi_{DC}}{\pi} = 0.5$ 时取得最大值的结论，而 OIP_3 和 $SFDR_3$ 的曲线说明 MZM 在低偏置状态能够使系统获得更大的动态范围。对比不同 m_{RF} 的曲线可看出，输入过大的 RF 信号会使链路的 $SFDR_3$ 下降，因此，V_{RF} 应该控制在合适的范围内。此外，虽然此处讨论的是谐波失真，实际上交调失真曲线也遵循同样的趋势。一般而言，二阶 IMD 截断点比谐波截断点约小 6 dB，三阶 IMD 截断点比谐波截断点约小 4.8 dB。

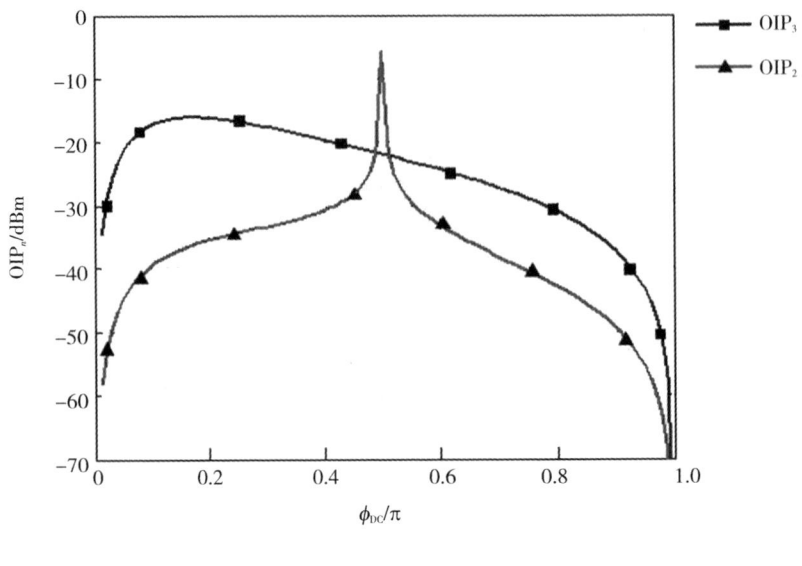

(a) OIP_n 曲线图

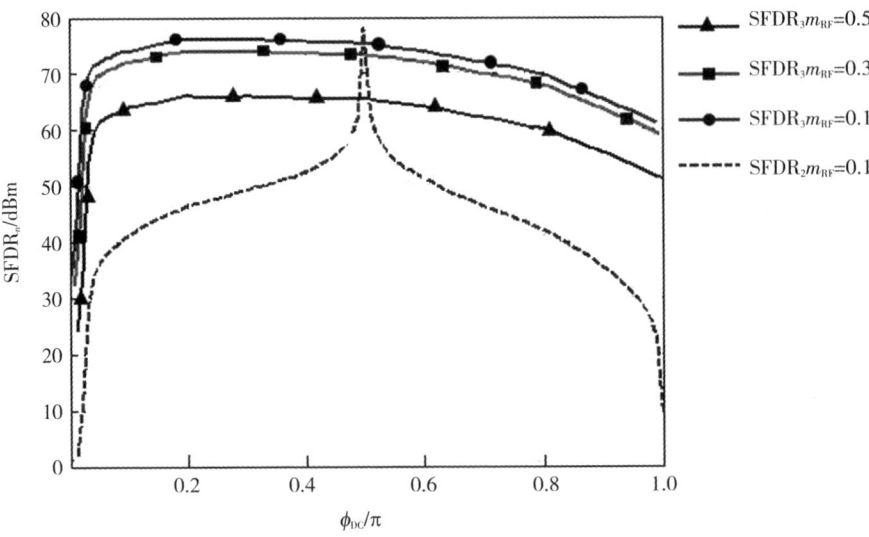

(b) $SFDR_n$ 曲线图

图 3.5 微波光子链路二阶和三阶截断点 OIP_n 与 $SFDR_n$ 曲线图

3.2.3 基于 OFDM 信号的链路传输性能优化

卫星之间通过激光链路进行通信,能够实现数据信息的高速传输,而卫星与地面站之间由于大气信道的影响,对信息传输的质量会造成一定程度的影响。由于 OFDM 是一种多载波传输技术,可以将高速数据流分成多个并行低速数据,并在窄带的子载波上同时传输,同时,各个子载波间相互正交,通过相干接收技术可以在接收端实现分离,因此,采用 OFDM 的调制方式,使高速信号转换为多路低速数据在并行的子载波上传输,既能显著降低对星地间大气信道质量的要求,又可省去使用高速 ADC 对 RF 信号进行采样并转换为数字信号的复杂过程,大幅度降低星上负载的功耗。此外,OFDM 技术可以通过改变并行子载波的数量和调制方式(如 QPSK,16 QAM,64 QAM 等),对所占用的带宽进行动态分配,使卫星激光网络的频谱利用率得到进一步提高。与图 3.3 星间微波光子链路相比,基于 OFDM 信号的星地激光链路,加入了电域的数字信号处理单元,其原理图如图 3.6 所示。

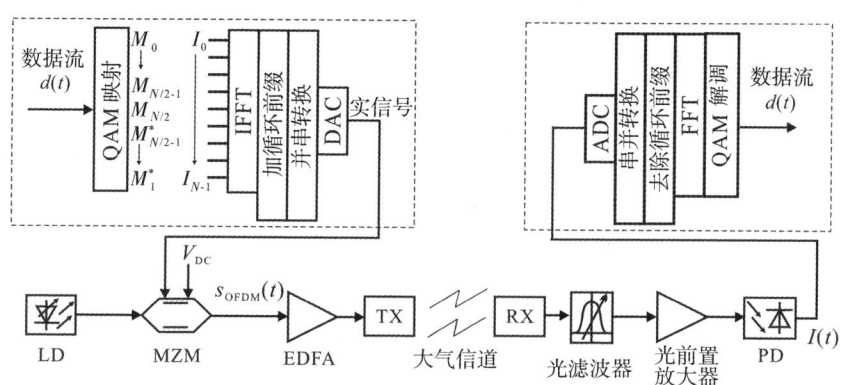

图 3.6 基于 OFDM 信号的星地激光链路原理图

在数字处理单元采用传统的 OFDM 信号产生方式,通过逆快速傅里叶变换(inverse fast Fourier transform,IFFT)对子载波进行调制和复用,加入循环前缀后进行并/串转换,经过数/模转换之后送至电光调制器。OFDM 信号经过调制后的输出,可表示为

$$s_{\text{OFDM}}(t) = \sum_{n=0}^{N-1} s_n(t)$$
$$= \sum_{n=0}^{N-1} X_n \exp(j(\omega_n + 2\pi f_c)t), \ 0 \leq t \leq T_s \quad (3.19)$$

式中，$\omega_n = \dfrac{2\pi n}{T_s}$，$n=0,1,\cdots,N-1$ 为子载波的角频率，N 为子载波数量，f_c 为光载波频率，T_s 为 OFDM 符号周期。$X_n = a_n + jb_n$ 为第 N 个子载波上承载的复数数据，a_n 和 b_n 为同向和正交分量，IFFT 变换保证了子载波之间的正交性。为了使变换后仅输出一路实数信号，输入 IFFT 的向量 $\boldsymbol{I}$ 需要经过 Hermitian 对称处理，数据向量 $\boldsymbol{M} = M_0 \cdots M_{N/2-1}$ 与 IFFT 输入向量 $\boldsymbol{I} = I_0 \cdots I_{N-1}$ 的映射关系，可表示为

$$I_0 \cdots I_{N-1} = M_0 \cdots M_{N/2-1}, M_{N/2}, M^*_{N/2-1}, \cdots, M^*_1 \quad (3.20)$$

式中，M^*_k 为 M_k 的复共轭。

如图 3.6 所示，在发射端 OFDM 信号被调制到光域之后，MZM 输出光功率可以表示为

$$P_{\text{o,MZM}} = \alpha_{\text{MZM}} P_{\text{o,in}} \left(1 + \sum_{n=0}^{N-1} m_n s_n(t) + a_3 \left[\sum_{n=0}^{N-1} m_n s_n(t)\right]^3\right) \quad (3.21)$$

式中，m_n 为第 n 个子载波的 MI。这里假设所有子载波 MI 相同，则有 $m_n = m/\sqrt{N}$，m 为总调制指数，a_3 为三阶非线性系数。

经过大气信道传输，地面站接收端采用直接探测的方式得到 OFDM 信号，接收到的光信号功率和经过 PD 之后的电流表达式为

$$P_{\text{o,rx}} = P_{\text{o,MZM}} L_{\text{scint}} \chi L G_{\text{pre}} \quad (3.22)$$

$$I_{\text{dc}} = \Re P_{\text{o,rx}} \quad (3.23)$$

受大气信道的影响，总损耗除了链路损耗 L 之外，还包括大气湍流引起的损耗 L_{scint} 及由大气湍流传输效应引起的信号衰落变化因子 χ，其概率密度函数满足 Gamma-Gamma 模型。

由前文分析可知，IMD3 的产生会严重影响链路性能，则在第 n 个子载波出现的 IMD3，可近似表示为

$$\sigma^2_{\text{IMD3}} = \dfrac{1}{2}\left(\dfrac{3}{2} a_3 m_n^3 D_3\right)^2 I^2_{\text{dc}} \quad (3.24)$$

式中，D_3 代表三阶交调失真的数值，一般取 $D_3 = 0.75N^2$。因此，PD 输出的信号

功率和总的噪声失真功率可表示为

$$C = \frac{1}{2}m^2 I_{\mathrm{dc}}^2 Z_{\mathrm{out}} \tag{3.25}$$

$$N_{\mathrm{tot}} = \frac{1}{T_{\mathrm{s}}}(4k_{\mathrm{B}}T + 2qI_{\mathrm{dc}}Z_{\mathrm{out}} + (\mathrm{RIN})I_{\mathrm{dc}}^2 Z_{\mathrm{out}}) + \sigma_{\mathrm{IMD3}}^2 Z_{\mathrm{out}} \tag{3.26}$$

最后,由式(3.25)与式(3.26),可得到第 n 个子载波的载噪失真比(carrier to noise and distortion ratio,CNDR)的表达式为 $\mathrm{CNDR}_n = \dfrac{C}{N_{\mathrm{tot}}}$。

取 $N = 8192$,$L_{\mathrm{scint}} = -10$ dB,RIN $= -150$ dB/Hz,三阶非线性系数 $a_3 = 0.0009$,计算得到 CNDR 随收光功率 $P_{\mathrm{o,rx}}$ 和 MI 的变化,如图 3.7 所示,当 MI 为 0.21 时,系统的 CNDR 取得最大值。同时,CNDR 随接收到光功率的增大而增大,当接收光功率为 -20 dB 且 MI $= 0.21$ 时,CNDR 为 57.5 dB。

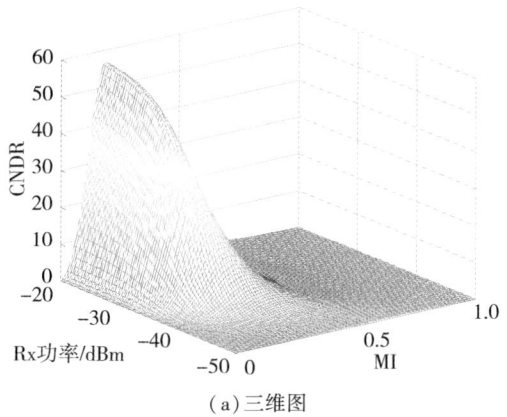

(a)三维图

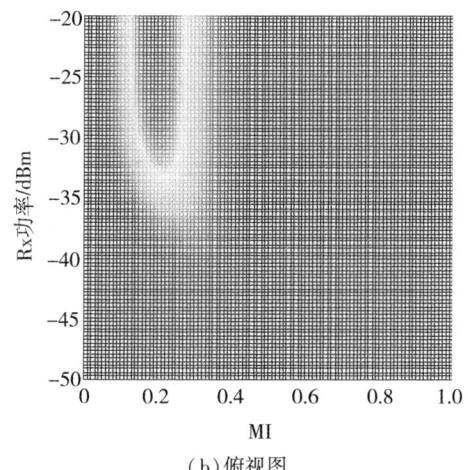

(b)俯视图

图 3.7　CNDR 随接收光功率和 MI 的变化图

此外，激光器或光调制器的 RIN 和子载波数量 N，均会对系统的 CNDR 造成影响。如图 3.8(a)所示，当接收光功率为 -20 dBm 时，RIN 噪声为 -150 dB/Hz 的激光器比 RIN 为 -135 dB/Hz 的激光器的 CNDR 高出近 18 dB，因此，选择 RIN 更小的 LD 或采用外调制器 MZM 的方式，能使系统的 CNDR 进一步提高。同时，如图 3.8(b)所示，子载波数量越多，系统的 CNDR 越高，但是数字处理单元的复杂度也越高，实际中需要根据应用场景进行选择。

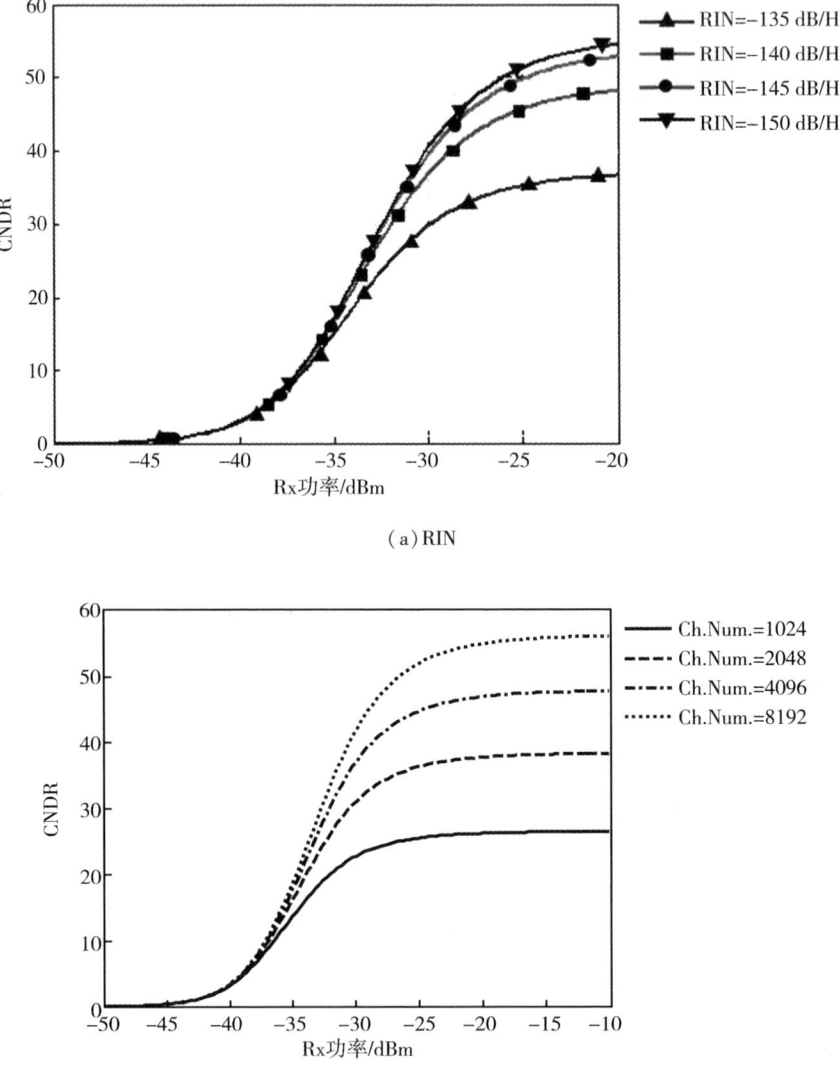

(a) RIN

(b) 子载波数 N

图 3.8　CNDR 随 RIN 和子载波数 N 变化曲线图

3.3 本章小结

本章提出了激光-微波混合网络拓扑结构与功能架构,设计了混合网络中交换系统的结构,讨论了节点具备的频谱重构、动态分配波长和配置带宽的功能。随后,以基于 DD-MZM 的 IM/DD 星间微波光子链路为例,对链路非线性失真的抑制方案进行了研究,通过理论推导得到了链路 RF 信号增益、OIP_3 和 $SFDR_3$ 的闭式表达式。由曲线可知,MZM 在低偏置状态能够获得更大的动态范围,非线性失真更小。在后面开展的实验研究中,这里取得最佳链路性能的最优偏置点和 MI 值,将作为实验参数配置的参考依据。

第4章 卫星激光-微波网络弹性带宽交换与全光波长变换技术研究

目前，关于卫星激光通信的研究文献，多采用 WDM 技术与波长分配的方式来提高星间光链路的传输容量和频谱利用率。卫星业务具有突发性和差异性等特点，在为不同业务分配固定大小的带宽时，容易造成频谱资源的浪费，进一步加剧带宽资源的紧张程度。在卫星光网络的研究中，通道间数据的交换方式均为链路级或波长级交换，而对于弹性带宽分配和交换的方式，还未见相关研究和报道。此外，在卫星激光网络路由和波长分配问题中，如果光网络中节点没有波长转换能力，则必须满足波长连续性约束，这将在一定程度上导致网络的阻塞率增加。引入波长变换功能，可使卫星光网络的频谱分配方式更灵活且利用率进一步提高。但是传统的波长转换结构会显著增加卫星中继节点的功耗、体积、重量和复杂度，且在已有文献中，尚未见到卫星光网络中对全光波长变换的讨论和系统实现。

因此，为了解决星上频谱利用率低和波长转换的问题，本章在未来卫星激光-微波混合网络架构的基础上，提出了基于业务分布的弹性带宽优化分配策略和基于 OFC 的全光波长变换方案。首先，仿真分析了三种频谱资源预留策略的优劣，对比了提出的弹性带宽分配策略与传统的完全共享方式在业务接近饱和时频谱资源利用率的差异。其次，设计了基于 WSS 的弹性带宽交换节点结构，并对其带宽灵活分配的能力进行实验验证。最后，搭建实验系统对波长变换方案进行验证，实验实现了全光的波长变换和动态调度功能，验证了系统波长变换与带宽分配的功能和所提出方案应用于卫星光网络的可行性。

本章后续内容如下：4.1 节提出了基于业务分布的弹性带宽优化分配策略，搭建了基于 WSS 的弹性带宽交换实验系统；4.2 节提出了一种基于 OFC 的中继交换全光波长变换方案，分析了波长变换的原理和实现技术；4.3 节为本章总结。

4.1 卫星激光-微波混合链路弹性带宽交换方案

4.1.1 基于业务分布的弹性带宽优化分配策略

（1）灵活栅格卫星光网络。

在传统的 WDM 卫星光网络中，每个波长单独承载来自不同的 GEO 卫星或 LEO 卫星的业务数据，依据 ITU-T 的标准将频谱分割为 50 GHz 的固定间隔，如图 4.1 所示。每个栅格分别对应一个波长，作为数据传输和带宽分配的基本单元。由于卫星业务的波动性，用户请求带宽和数据传输速率差异较大，为所有业务请求分配相同的带宽会导致频谱资源的浪费，传统的 WDM 光网络并不能满足未来星间高速率、业务粒度多样化和带宽弹性分配等灵活高效的传输需求。因此，链路带宽弹性可变的灵活栅格卫星光网络，成为未来星间组网的趋势。

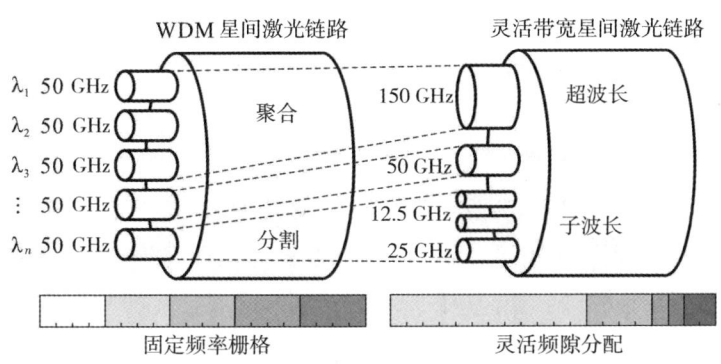

图 4.1　WDM 星间激光链路与灵活带宽星间激光链路对比图

对比 WDM 卫星光网络采用固定栅格模式，弹性带宽卫星光网络能够根据业务流量的大小和用户的实际需求，通过动态配置将可用频隙资源按照适当大小分配给端到端的光路。如图 4.1 所示，通过对可编程光器件进行控制，可以实现对不同通道带宽的聚合或分割处理，完成对超波长或子波长数据的交换和传输。根据业务类型对链路总带宽进行合理划分，可以使节点的频谱利用率得到提高,从而承载更多类型的卫星业务。

图 4.2 为针对未来卫星激光-微波混合网络中,传统的 WDM 卫星光网络与这里提出的弹性带宽卫星光网络频谱分配对比示意图,左侧和右侧三个栅格分别表示激光链路和微波链路中承载的业务频谱,传统方式承载全部业务需要 300 GHz 的带宽,而采用弹性带宽分配仅需要 150 GHz 的谱宽。因此,相比传统带宽分配方式,弹性带宽分配能够支持更细粒度的频谱分割,大幅度提高频谱利用率。

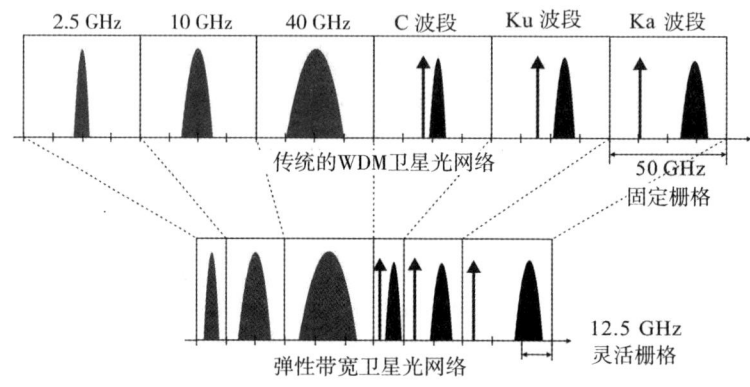

图 4.2 卫星激光-微波混合网络频谱分配对比示意图

(2) 弹性带宽分配策略。

在弹性带宽网络中,当节点不具备波长变换能力时,链路带宽的分配不仅要满足传统 WDM 光网络中频谱连续性(或波长连续性)的约束,还要满足频谱邻接性限制,即在动态网络环境中,为每个业务请求分配的频谱资源必须是连续的频隙。在弹性带宽光网络架构下,星上的带宽资源处于动态分配与释放的过程中,而不同粒度业务的产生在时间上具有一定的随机性,传统卫星光网络带宽分配策略会导致空闲频谱呈现离散分布状态,产生频谱碎片(spectrum fragmentation,SF),其示意图如图 4.3 所示。

首先对频谱的碎片化程度进行定义,并把它作为评价带宽分配策略优劣的依据之一。假设节点无波长变换功能且满足频谱连续性约束,一个频隙(frequency slots,FS)只有在构成链路的所有连接均可用时,才被认为是空闲频隙。因此,主要考虑由 FS 非邻接导致高带宽请求无法接入而产生频谱碎片的情况。在图 4.3 中,假设产生的频谱碎片有三种情况,阴影条表示已占用的 FS,空白条表示未被占用的 FS。设 $(F_1, F_2, \cdots, F_i, \cdots)$ 为频谱中各碎片中对应的 FS 数量，则链路 A，B，C 的频谱碎片情况可表示为 $(F_1, F_2, F_3, F_4) = (1, 1, 1, 1)$，$(F_1, F_2) = (2, 2)$ 和 $(F_1) = (4)$。假设当前卫星发送的业务需要带宽为两个 FS，则图 4.3(a) 中即使有两个以上空闲的 FS，但由于各 FS 不邻接，因此不能满足业务带宽需求，而被认为存在频谱碎片。图 4.3(b) 和图 4.3(c) 中，空闲频隙区域可以容纳两个 FS 带宽的业务，因此，认为当前频谱中均不存在碎片，虽然图 4.3(c) 中频谱邻接数量更大，但是对于当前业务来说，二者的频谱碎片化程度相同。

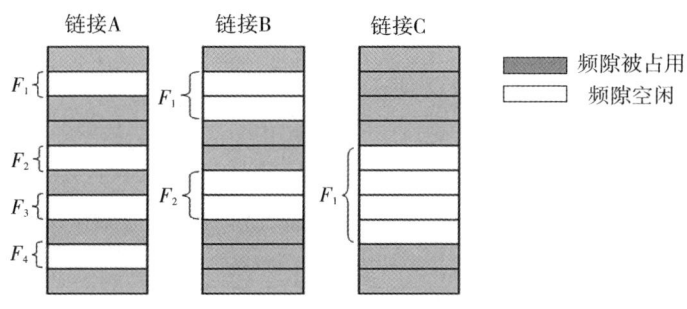

(a) FS 最大为 1　(b) FS 最大为 2　(c) FS 最大为 4

图 4.3　频谱碎片示意图

由以上讨论可知，频谱的碎片化程度不仅与 FS 的邻接程度有关，而且与当前网络中业务需求的带宽有关。假设星上待分配带宽的业务请求总数量为 N，按照占用带宽大小分类共有 M 种业务类型，需求的带宽由小到大分别为 $(b_1, b_2, \cdots, b_m, \cdots, b_M)$，对应的业务数量分别为 $(y_1, y_2, \cdots, y_m, \cdots, y_M)$，则有 $N = \sum_{m=1}^{M} y_m$。M 种业务对应承载的基带数据速率为 $(r_1, r_2, \cdots, r_m, \cdots, r_M)$，由于占用带宽更大的业务其基带数据的调制方式有更多种选择，采用 16 QAM，64 QAM 或 OFDM 等高阶调制方式，可以使单位带宽承载更高的数据速率。因此，一般情况下，满足 $\frac{r_1}{b_1} \leqslant \frac{r_2}{b_2} \cdots \leqslant \frac{r_m}{b_m} \cdots \leqslant \frac{r_M}{b_M}$。

假设当前频谱中存在空闲频隙的集合为 $(F_1, F_2, \cdots, F_i, \cdots, F_K)$，数量为 K，则将空闲频隙 F_i 的价值定义为

$$V(F_i) = \sum_{m=1}^{M} r_m y_m \qquad (4.1)$$

$$\text{s.t.} \sum_{m=1}^{M} b_m y_m \leqslant F_i \qquad (4.2)$$

其中，式（4.1）表示频谱空隙 F_i 所容纳下的所有业务数据速率之和，通过合理配置可以使 $V(F_i)$ 达到最大。式（4.2）表示分配到当前频隙的业务总带宽不得超过 F_i。对于卫星网络中不同的链路，b_m 和 r_m 可能因为调制方式、星间通信距离和卫星负载水平的差异而有所不同。如果频谱空闲间隙 F_i 是连续的，则其潜在的价值可以表示为 $V\left(\sum_{i=1}^{K} F_i\right)$，因此，整个链路的碎片化程度可表示为

$$F_{\text{index}} = 1 - \frac{\sum_{i=1}^{K} V(F_i)}{V\left(\sum_{i=1}^{K} F_i\right)} \qquad (4.3)$$

式中，右第二项分数中的分子为频谱中所有碎片的价值之和，而分母为假定这些碎片拼接成为连续的频谱空隙对应的潜在价值。F_{index} 可表示在当前卫星网络业务流量下，由 FS 不连续带来的频谱资源的损失，可作为带宽分配策略优劣的一个评价标准。

目前，对卫星光网络带宽分配的研究均为完全共享方式（complete sharing，CS），所有速率的业务请求无差别地共享频谱资源或波长资源。当新业务请求到达卫星上时，由频谱最低端开始分配第一个能够容纳此业务的频隙，运用首次命中（first-fit，FF）的方式配置频谱，如图 4.4(a) 所示。由式（4.3）可知，因不区分业务所需带宽大小而直接分配使网络负载较重时，频谱碎片数量增加且不连续，导致带宽需求高的业务无法分配到足够的带宽而阻塞，因此，为了使不同类型的业务分配更公平、有序，基于网络中已知的业务类型和分布将带宽资源预划分，提出了专属预划分（pre-partition，PP）方式和共享划分（shared-partition，SP）方式两种带宽优化分配策略，如图 4.4(b) 和图 4.4(c) 所示。

图 4.4(b) 为 PP 方式，依据各速率业务请求的分布对频谱资源预划分。根据星上业务请求的先验信息，依照不同带宽的流量强度按照比例对频谱进行预划分，在各分区内可以采用现有 RWA 方案来分配资源。限定对应带宽的业务只能占用特定的频谱区域，避免高带宽业务的请求出现时，频谱资源不连续造成堵塞，可以一定程度上消除由不同带宽业务的非公平接入引起的空闲频隙非邻接问题。图 4.4(c) 为 SP 方式，它是一种兼备共享和分区特点的混合方案，

对频谱资源预划分且低速率区域向上兼容更高速率。这种方式允许高速率业务分享更多频谱资源，同时避免频谱碎片过多导致高速率业务阻塞的问题。

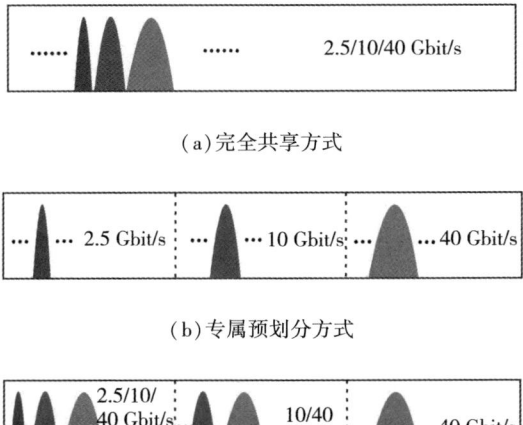

图 4.4　三种频谱分配策略

假设根据业务请求对星上频率资源分配后，每个子频隙的带宽分别为 $(SA_1, SA_2, \cdots, SA_i, \cdots, SA_m)$，再假设频谱分配过程中有 N 个需要接入的业务 $(R_1, R_2, \cdots, R_j, \cdots, R_N)$，对应的带宽分别为 $(B_1, B_2, \cdots, B_j, \cdots, B_N)$，各业务的起始时间和结束时间分别为 st_j 和 et_j，且不同速率的业务只能被分配到其专属频谱区域内的频隙。频谱分配完成后，各频谱区域内 SA_i 被占用的最大频隙宽度为 $(S_1, S_2, \cdots, S_j, \cdots, S_m)$。设定 $0<B_j<SA_i$，$j=1, 2, \cdots, N$，频谱分配为最优解时，划分的子频隙数 m 不超过 N。设 y_i，x_{ij} 为

$$y_i = \begin{cases} 1, \text{专属频谱区域 } SA_i \text{ 被分配业务} \\ 0, \text{否则} \end{cases} \quad i=1, 2, \cdots, N \quad (4.4)$$

$$x_{ij} = \begin{cases} 1, \text{业务 } R_j \text{ 分配至频谱区域 } SA_i \\ 0, \text{业务 } R_j \text{ 分配失败，业务中断} \end{cases} \quad i, j=1, 2, \cdots, N \quad (4.5)$$

弹性带宽分配的目的是利用最少的频谱资源将星上业务请求 R_j 全部容纳，因此，采用网络频谱利用率(spectrum utilization, SU)作为衡量分配策略优劣的一项重要指标，其模型表示为

$$SU = \frac{\sum_{i=1}^{N}\sum_{j=1}^{N} B_j x_{ij}}{\sum_{i=1}^{N} S_i} \tag{4.6}$$

则弹性带宽分配问题的线性规划模型为

$$\min \left\{ \sum_{i=1}^{N} y_i S_i \right\} \tag{4.7}$$

$$\text{s.t.} \sum_{j=1}^{N} B_j x_{ij} \leq SA_i, \ i=1,2,\cdots,N \tag{4.8}$$

$$\sum_{i=1}^{N} x_{ij} \leq 1 \tag{4.9}$$

$$st_j \geq TW_{sj}, \ et_j \leq TW_{ej}, \ j=1,2,\cdots,N \tag{4.10}$$

其中，约束条件式(4.8)表示分配至 SA_i 区域的业务请求带宽总和不能超过该区域最大带宽，式(4.9)表示每个请求最多只能被分配一次或分配失败，式(4.10)表示可见时间窗口约束，这是由于当星上的业务生成后，中继星和用户星之间可视的时间有限，每个业务必须在对应的可见时间窗口内 $[TW_{sj}, TW_{ej}]$ 完成分配，否则认为分配失败，业务阻塞。时间窗口可利用卫星轨道分析软件 STK 得到，4.1.3 节将具体给出生成方法。

4.1.2 频谱分配策略性能对比

为了对比弹性带宽分配策略的优劣，著者对提出的频谱资源预留分配策略进行仿真分析，仿真中对三种不同的频谱划分方式进行比较。设置各种速率业务的请求具有同样的流量密度，假定对 2.5, 10, 40, 100, 400 Gbit/s 速率的连接请求，分别分配 1, 2, 3, 4, 8 个频隙，对传统的 CS 频谱分配方式与著者提出的 PP 和 SP 的频谱分配方式的频谱资源利用率和阻塞率性能进行数值仿真比较，得到的结果如图 4.5(a) 和图 4.5(b) 所示。

由图 4.5(a) 可看出，三种频谱划分策略中，频谱利用率均随着业务连接数量的增加而增加，且在业务连接数量高于 140 时，频谱利用率趋于平稳。在相同连接请求数量条件下，所提出的 PP 和 SP 方式的频谱利用率优于传统的 CS 方式，业务趋于饱和时频谱利用率高达 93% 以上，而传统的 CS 方式因为频谱碎片造成近 15% 的频谱资源损失。当节点业务负载较低时，PP 方式由频谱划分的开销导致频谱利用率低于 SP 方式，但当连接数量高于 130 时，频谱利用率超过 SP 方式。SP 方式由于各速率以共享的方式占用频谱，在实际中相对更容

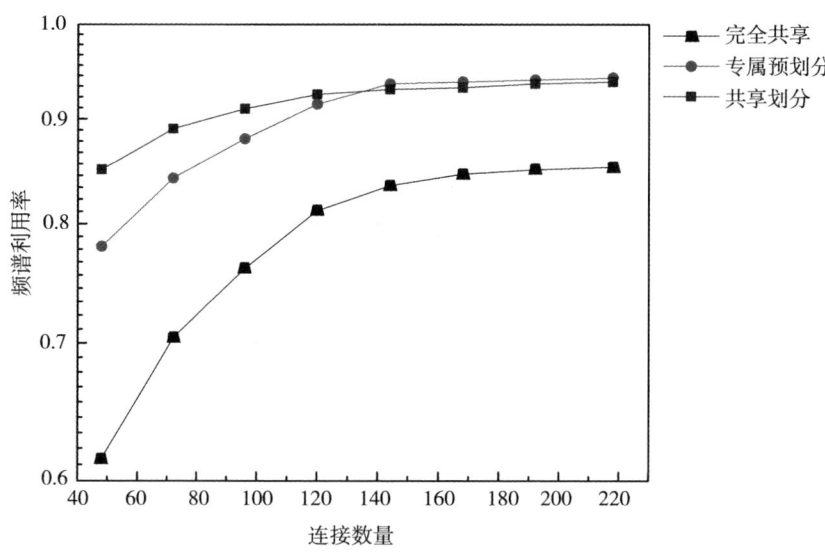

(a) 频谱利用率

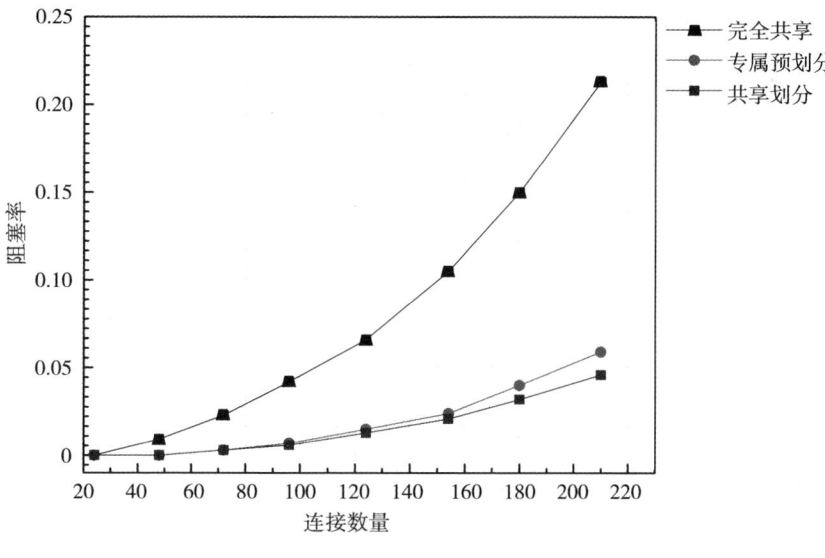

(b) 阻塞率

图 4.5 不同频谱划分方式下的网络性能对比

易实现，且更加灵活。由图 4.5(b)可知，随着连接数量的增加，SP 与 PP 分配方式阻塞率略有增加，曲线较为平坦，而传统 CS 方式的阻塞率则明显升高。这是因为当网络中业务较为拥塞时，采用 CS 的方式配置频谱，会使离散的低速率业务阻塞高速率业务的接入，产生较多的频隙碎片，最终导致阻塞率升高。最后，在带宽资源完成分配与释放过程后，对三种情况下的链路频谱碎片指数 F_{index} 进行比较，得到的结果如图 4.6 所示。

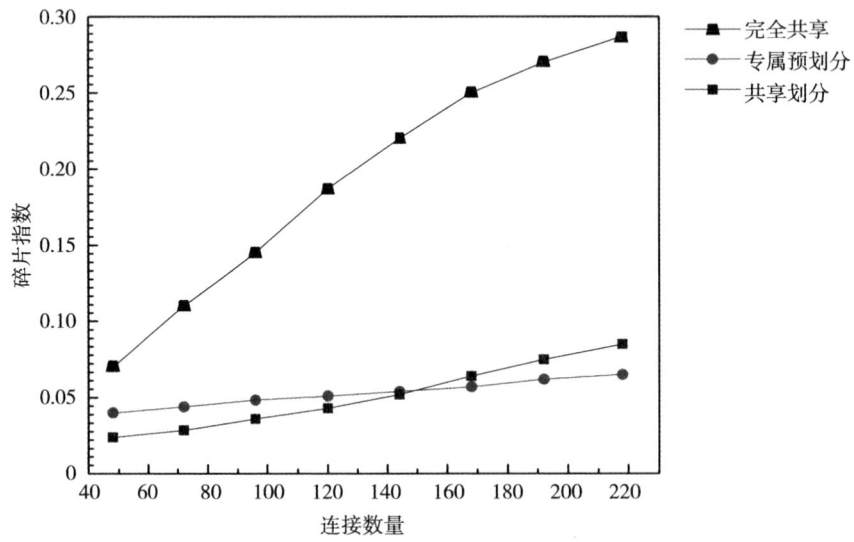

图 4.6　链路频谱碎片指数对比

由图 4.6 可知，三种频谱划分方式产生的频谱碎片均随着连接数量的增加而增加。在网络负载较重，连接数量高于 200 时，CS 方式的频谱碎片指数已经接近 30%，意味着有近 30% 的频谱资源因为频隙非邻接而浪费。PP 和 SP 方式的频谱碎片指数均低于 10%，且随业务请求数的增加变化较缓，可以看出这两种方式即使在网络负载较重情况下，仍具有较高的频谱利用率。PP 方式的曲线与 SP 方式相比变化更缓，在请求超过 150 时频谱碎片指数更低，更具优势。由于 SP 方式的每个分割的区域均能兼容高带宽业务，覆盖性更好，随着连接数量增加，"共享"的劣势逐渐凸显，因此，它在业务负载相对较轻的网络中，具有更好的性能。综上所述，PP 和 SP 频谱分配方式具有较高的频谱利用率和较低的频谱碎片指数，并能有效地降低网络的阻塞率。

4.1.3 基于 WSS 的弹性带宽交换实验和结果分析

（1）弹性带宽交换单元。

支持波长和带宽动态分配的弹性带宽交换单元原理结构图如图 4.7 所示。该交换单元主要由两部分构成：基于半导体微细加工技术的微机电系统 MEMS 开关和基于硅基液晶（liquid crystal on silicon，LCoS）的 WSS。其中，MEMS 开关能实现各通道之间的交叉互连，通过控制指令完成数据的交换，输入端口数可根据具体情况扩展，其优势为响应速度快、插入损耗和通道间串扰小。WSS 则完成对频隙的复用与解复用，实现对波长和带宽的动态分配。WSS 内部结构与交换原理图如图 4.8 所示。

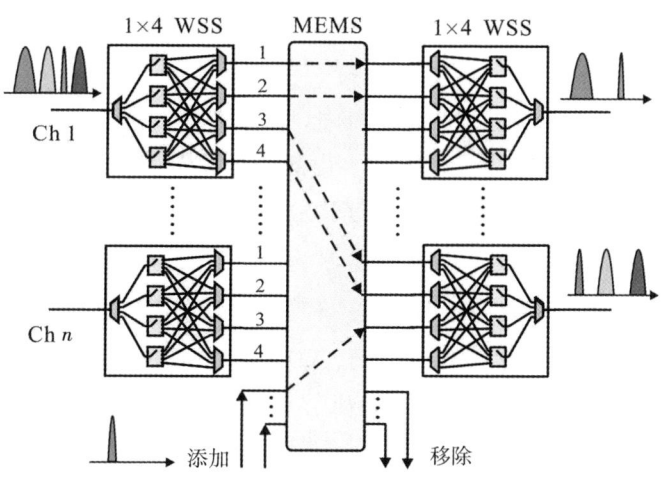

图 4.7 弹性带宽交换单元原理结构图

WSS 通常应用于密集波分复用（dense wavelength division multiplexing，DWDM）光网络的可重构分插复用（reconfigurable optical add-drop multiplexer，ROADM）节点中。WSS 的核心功能是独立地将任意波长或任意频隙切换至任意端口输出，且不受其他波长切换的影响，具有完全可重构性。此外，在通道切换的同时，通过调节 WSS 内部的可调光衰减器（variable optical attenuator，VOA）可以实现对各通道信号功率的控制。外部控制单元不仅对通道切换和衰减进行设置，而且通过控制指令对各通道占用的频隙进行分配。

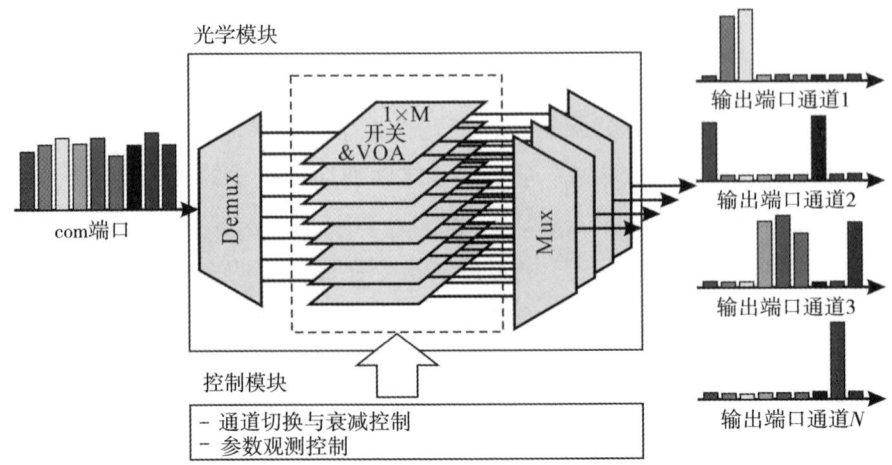

图 4.8 WSS 内部结构与交换原理图

基于 MEMS 开关和 WSS 的功能和特点，设计了如图 4.7 所示可应用于卫星光网络的弹性带宽交换单元的结构。由图 4.8 可看出，节点能够进行激光链路间的交叉连接和带宽分配，可以实现将输入端信号中的频隙进行任意组合且切换至对应端口输出，同时，节点具备激光或微波接入的能力，可以直接接收来自 LEO 卫星或地面站的接入信号，并根据网络中的波长占用情况选择路由方案。由于 WSS 的最小切换单元远小于 WDM 光网络的通道间隔，因此，利用 WSS 作为网络交换节点能够提高频谱利用率，适用于动态多变、频谱资源受限的网络。

（2）交换时间。

不同于地面光网络，GEO 卫星与 LEO 卫星之间或 LEO 卫星与地面站之间始终存在着高速的相对运动，星间或星-地间可以通信的时间窗口严重受限。因此，交换单元的切换时间必须满足卫星网络对于实时性的要求，支持在一个时间窗口内进行多次切换，完成对带宽的分配和业务的分发。所提出的弹性带宽交换单元主要由 WSS 和 MEMS 开关构成，其中 WSS 的切换时间随实现原理的不同而有所差异。在实验中，采用的基于 LCoS 的 WSS 典型切换时间为 50~100 ms，通过优化液晶的状态，响应时间可以进一步降低至 50 ms 以下。交换单元中部的基于微电机系统 8×8 光开关的切换时间低于 20 ms。由此可知提出的弹性带宽交换结构的总响应速度为毫秒量级。

利用卫星轨道分析软件 STK 10.1(Satellite Tool Kit)对 LEO 卫星与 GEO 卫星运行轨道进行仿真，计算 LEO 卫星在轨运行时，与两颗 GEO 中继卫星均可通信的最大可见时间窗，并与所提出的灵活带宽交换结构的切换时间进行比较，从而验证其可行性。

假设 LEO 卫星轨道高度为 500 km，轨道倾角为 45°，右旋升交点赤经(right ascension of ascending node，RAAN)为 0°，两颗 GEO 卫星轨道高度为 36000 km，星下点经度分别为 12°W 和 174°W。通过仿真计算二者在 24 小时内可以正常通信的所有可见时间窗，得到的部分软件运行结果如图 4.9 所示。

图 4.9 中下层和上层的线段分别表示 LEO 卫星与两颗 GEO 卫星可以进行通信的时间窗。以 8∶00 至 9∶00 的时间段为例，LEO 卫星对 GEO 双星可见的时间窗为 8 时 23 分 21 秒至 8 时 37 分 16 秒，约持续 835 s。提出的弹性带宽交换单元的通道切换时间约为 100 ms，远小于仿真中的可见时间窗。LEO 卫星与 GEO 卫星可以通信的时间段内，交换单元可以根据控制指令对通道进行多次切换并对各通道带宽进行分配。因此，所提出的交换结构能够满足卫星网络对于实时性的要求。

```
                           LEO to GEO1
Access       Start Time (UTCG)        Stop Time (UTCG)         Duration (sec)
------       -----------------        ----------------         --------------
   1      9 Jan 2019 04:18:47.639   9 Jan 2019 05:15:51.690        3424.052
   2      9 Jan 2019 05:57:56.053   9 Jan 2019 06:55:40.426        3464.373
   3      9 Jan 2019 07:37:27.392   9 Jan 2019 08:37:16.032        3588.640
   4      9 Jan 2019 09:18:38.466   9 Jan 2019 10:21:11.847        3753.380

                           LEO to GEO2
Access       Start Time (UTCG)        Stop Time (UTCG)         Duration (sec)
------       -----------------        ----------------         --------------
   1      9 Jan 2019 04:00:00.000   9 Jan 2019 04:22:47.227        1367.227
   2      9 Jan 2019 05:04:49.185   9 Jan 2019 06:01:55.262        3426.078
   3      9 Jan 2019 06:44:01.413   9 Jan 2019 07:41:28.254        3446.841
   4      9 Jan 2019 08:23:20.860   9 Jan 2019 09:22:30.739        3549.879
```

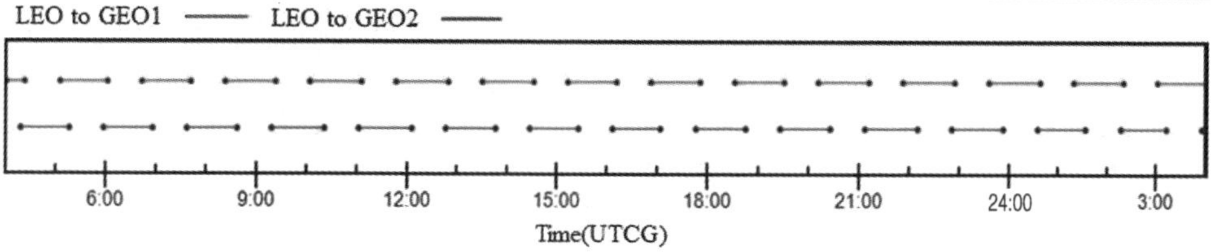

图 4.9　GEO 卫星与 LEO 卫星之间可见时间窗口

(3)实验结果与分析。

为测试节点的弹性带宽交换能力与 MEMS 光交换单元对系统误码率的影响,搭建如图 4.10 所示的实验系统。

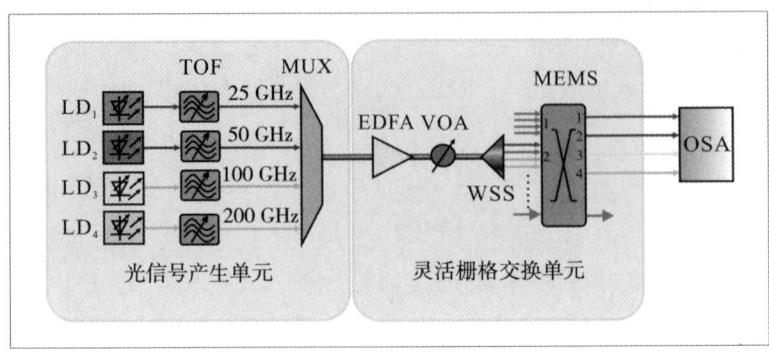

图 4.10 节点弹性带宽交换实验系统结构图

首先,前端光信号产生单元模拟交换单元的输入信号。激光器输出宽谱光信号通过 1:4 光功率分配器分为 4 路,将它们分别送至可调谐光滤波器 TOF,设置 4 个可调谐滤波器中心波长,分别为 1552.37,1553.98,1555.19,1555.89 nm,通带带宽分别设置为 25,50,100,200 GHz。4 路带宽不同的光信号模拟前端承载了不同速率的业务,经复用器复用和 EDFA 放大后,作为光交换单元激光链路 2 端口的输入。

其次,交换单元先通过 WSS 进行带宽分配。发送控制指令对 WSS 的通道间隔、中心波长和衰减进行配置,配置参数与可调谐滤波器保持一致。经过 MEMS 光开关交换后,4 路光信号分别被送至激光链路 1 至 4 端口输出,光谱仪测得各通道的光谱图,如图 4.11 所示。这验证了混合交换节点具备带宽资源可灵活配置和弹性带宽交换能力。

同时,搭建实验系统验证交换单元对通道进行聚合和分割处理的能力,完成对超波长或子波长数据的交换和传输。在 WDM 卫星光网络中,为各通道分配的固定带宽间隔为 50 GHz,如图 4.12(a)所示。假设各通道业务所需带宽存在差异,通过控制 WSS 对通道间隔进行配置,输出的频谱如图 4.12(b)所示,原带宽为 50 GHz 的 CH1 被分割为 25.0,12.5,12.5 GHz,且 CH3,CH4,CH5 通道聚合后,带宽为 150 GHz。根据业务类型对链路总带宽进行合理划分,可以使节点的频谱利用率得到提高,从而承载更多类型的卫星业务。

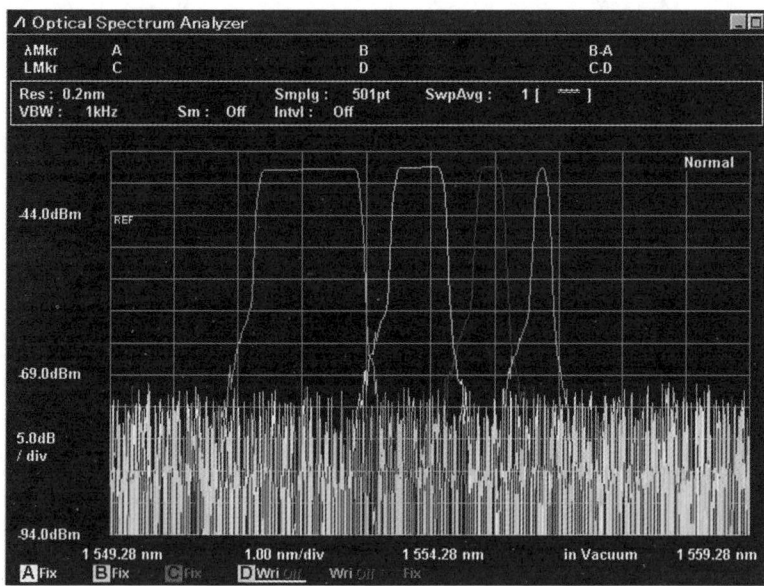

图 4.11　MEMS 光开关 4 个通道输出的光谱图

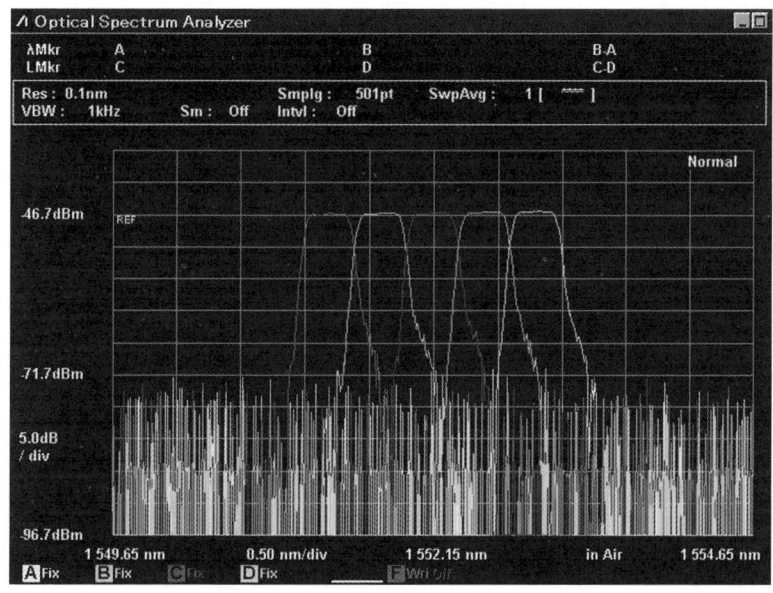

(a) 50 GHz 固定带宽间隔

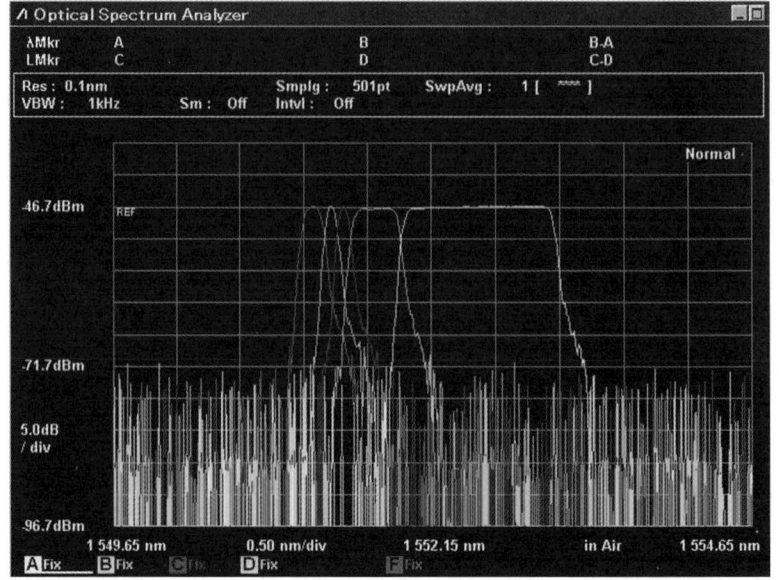

(b)控制 WSS 对通道间隔进行配置

图 4.12　带宽分配实验结果图

最后，实验测试了有无光交换单元两种情况下，激光链路传输 10 Gbit/s 速率数据时接收光功率和误码率的关系，得到的曲线如图 4.13 所示。从图 4.13 可看出，随着接收光功率的逐渐减小，误码率逐渐升高，接收光功率大于 -21.6 dBm 时，误码率低于 10^{-9}，且交换单元对系统误码率未产生明显影响。

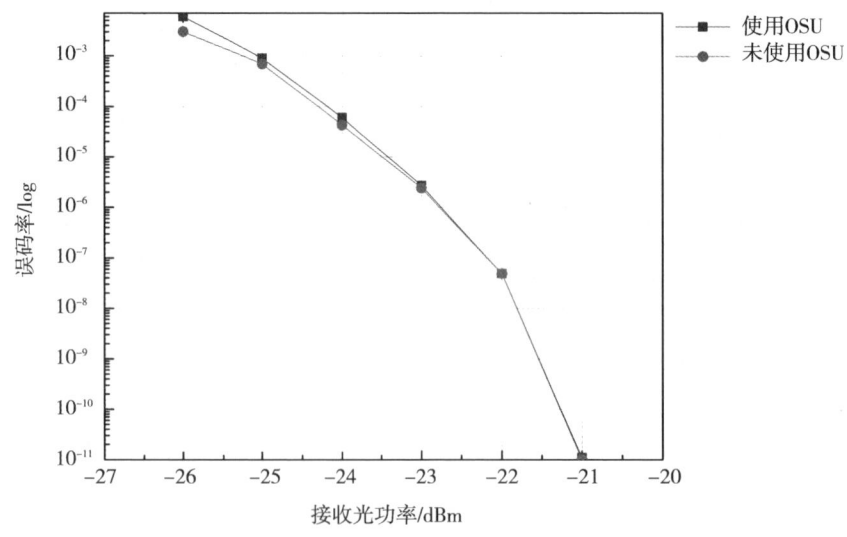

图 4.13　激光链路单波长 10 Gbit/s 速率数据传输实验误码率曲线

另外，由于相位噪声的优劣对信号质量和后端信号处理有很大影响，因此，对基于 WSS 的弹性带宽交换单元进行了相位噪声性能的测试，以观测光交换单元是否使系统引入额外的相位噪声，验证其实用性。在同样的光功率衰减条件下，分别测试了有和无弹性带宽交换单元时 IF 信号的相位噪声强度，得到的相位噪声测量曲线如图 4.14 所示。

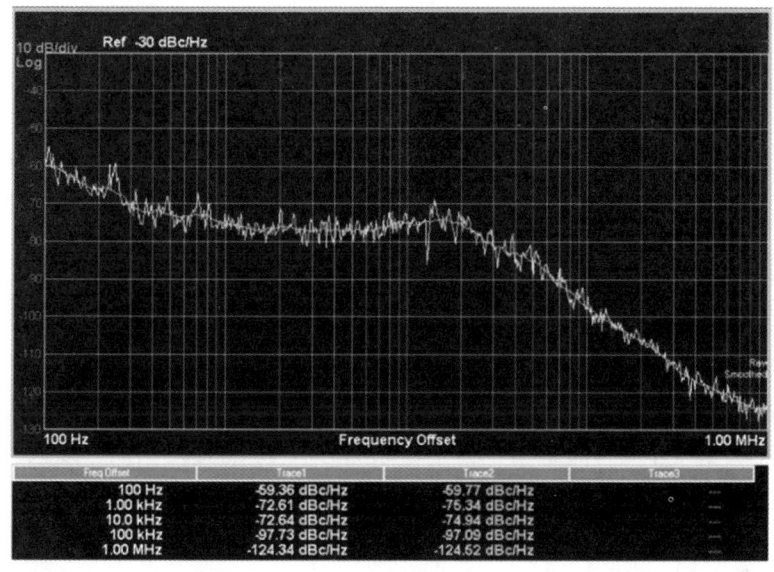

(a) 无交换单元

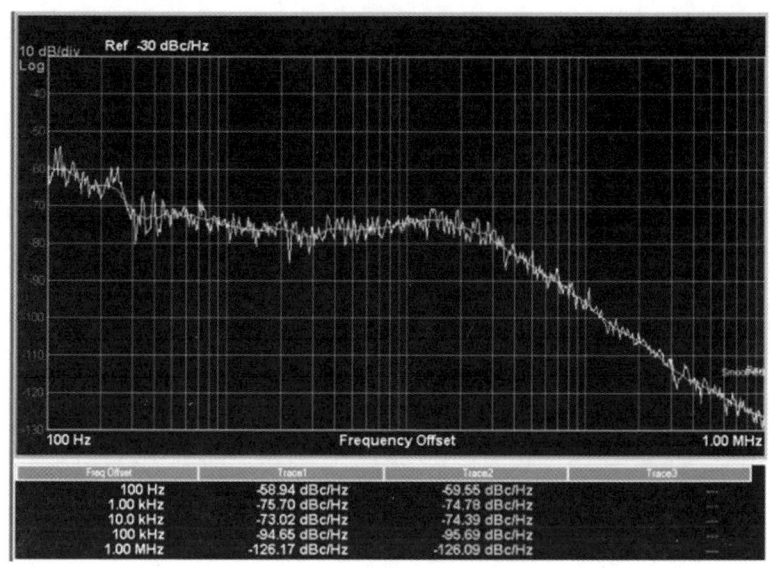

(b) 有交换单元

图 4.14 相位噪声测量曲线

对比图 4.14(a)和图 4.14(b)可看出,两条曲线的走势基本一致,在频偏值为 1,10,100 kHz 和 1 MHz 时,噪声功率和载波信号功率的比值无明显增加,发送控制指令切换交换单元路由通道后,得到的相位噪声保持稳定。因此,所提出的基于 WSS 的交换单元未引入额外的相位噪声,不会对系统的灵敏度和线性度造成影响,适用于星上弹性带宽交换或其他光交叉互连的应用场景。

◆◇ 4.2　基于 OFC 的卫星全光波长变换方案

4.2.1　波长变换技术

波长变换是指将传输的信息从一个波长向另一个波长变换的过程。波长变换技术是 WDM 光通信系统和全光交换网络中的核心技术之一,能够提高网络的灵活性、可扩展性和可靠性。在分布式 WDM 卫星网络中,频繁的信息交换和多跳转发,使波长冲突现象严重,波长连续性限制了卫星网络中接入业务的数量。因此,在卫星光网络中一些关键节点引入波长变换功能,能够有效降低各节点间由波长冲突造成的业务阻塞,提高星间光链路传输容量和频谱利用率。

全光波长变换通常是基于半导体光放大器(semiconductor optical amplifier, SOA)的非线性效应,主要分为基于光调制原理的交叉增益调制(cross-gain modulation, XGM)和交叉相位调制(cross-phase modulation, XPM)与基于光混频原理的四波混频(four-wave mixing, FWM)效应两类方式。而基于非线性效应的方式存在功耗大、转换效率较低、偏振敏感和控制复杂等问题。此外,这些方式仅支持从单一波长向单一波长点到点(P2P)的转换,而不能实现点到多点(P2MP)的并行转换。将波长转换器应用于星上,由于受空间环境和传输距离因素的限制,上述方案一定程度上不能满足卫星负载对功耗和体积的要求。光学频率梳是在频谱上由一系列均匀间隔且具有相干稳定相位关系的频率分量组成的光谱,具有梳齿等间隔、梳齿间具有稳定的相差、相干性好和各梳齿功率相近等特点。在光通信系统、WDM 光网络、光频率测量以及微波光子学等领域,OFC 已得到广泛应用(如精密光谱测量、多载波光源产生、全光上/下变频、超短脉冲产生以及任意波形发生等)。因此,基于 OFC 梳齿之间等间隔和相干性好的特点,这里提出了星上超密集波分复用(ultra dense wavelength division multiplexing，UDWDM)节点结构和全光波长变换方案。

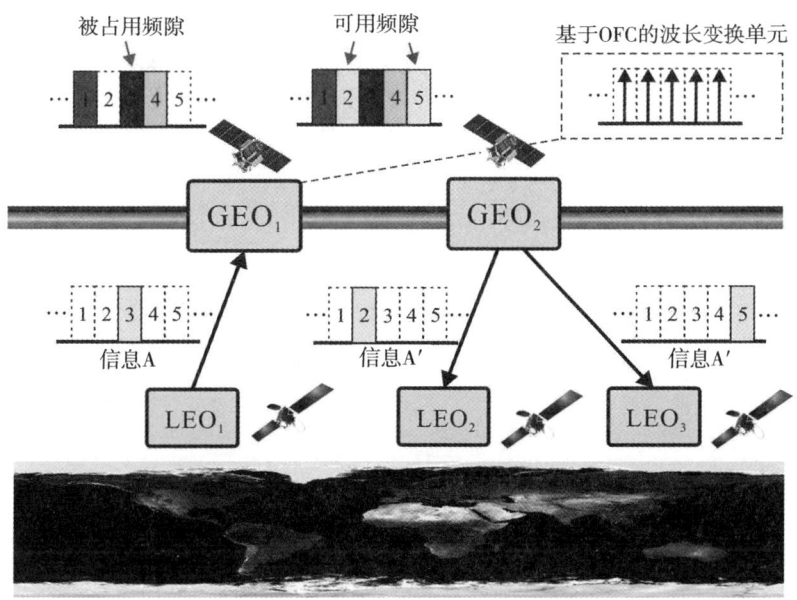

图 4.15　卫星光 UDWDM 网络频隙分配示意图

卫星光 UDWDM 网络频隙分配示意图,如图 4.15 所示。低轨卫星(LEO)要向其他区域的 LEO 卫星发送数据,将 GEO 卫星作为中继进行传输,数据通过一跳或多跳的方式到达目的节点。假定 LEO 卫星中数据占用的频隙如图 4.15 所示,且卫星光骨干链路中对应的频隙已经被占用。为了避免由波长冲突造成业务阻塞,GEO 卫星在接收到光信号后,需要依据目的 LEO 卫星的数量和工作频段,将承载的信息变换到其他空闲的频隙处,从而一方面提高骨干激光链路的频谱利用率,另一方面降低整个卫星光 UDWDM 网络的阻塞率。全光波长变换功能由 OFC 和 WSS 共同实现,下面将对系统结构与变换原理进行详细讨论,并搭建实现系统验证其可行性。

4.2.2　全光波长变换原理与系统结构

基于 OFC 的星上 UDWDM 节点结构和全光波长变换方案的原理图,如图 4.16 所示。以卫星光网络中星间链路通信为例,来说明所提出的 UDWDM 传输与波长变换方案的工作原理。假设 LEO1 卫星的工作波长为 λ_1，而目前网络中波长 λ_1 处于被占用状态，则需要 GEO 卫星节点将工作波长变换至当前网络中空闲的频率处，否则业务将不能传至下一节点，从而导致阻塞。

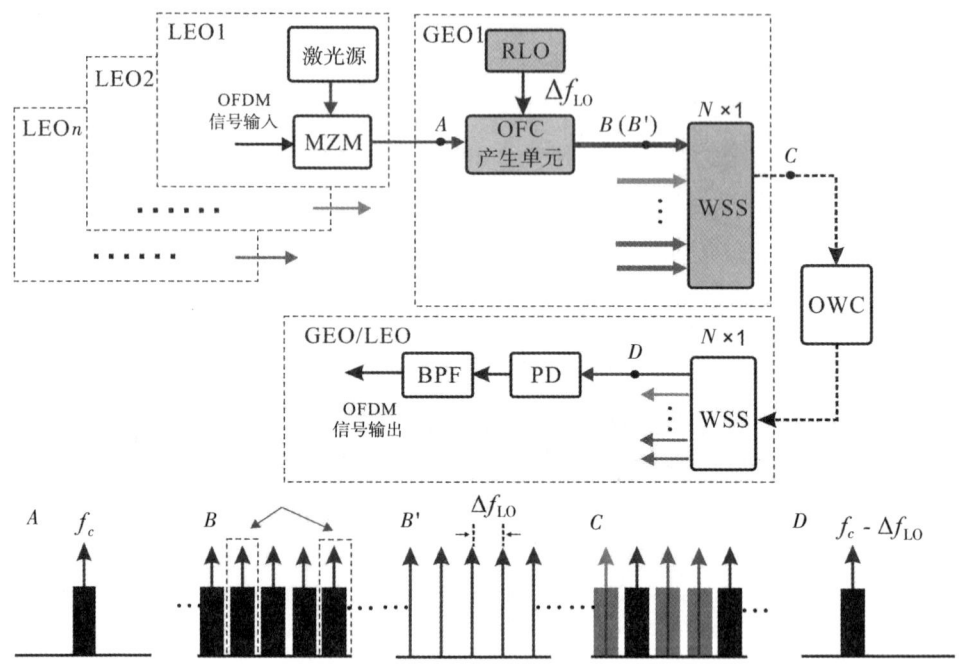

图 4.16　基于 OFC 的全光波长变换原理框图

著者所提出的方案通过增加光频梳与 WSS，使之相互配合，实现全光波长变换和动态的带宽分配，从而解决网络阻塞，提高网络的连通性。图 4.16 中，A 点为接收到来自 LEO1 卫星的 OFDM 数据，光载波中心频率为 f_c。GEO1 卫星光频梳单元产生梳齿数为 N 的光频梳，每个梳齿均作为子载波，将接收到的光信号承载的数据"复制"到 N 个梳齿上，其中光频梳梳齿间隔为 Δf_{LO}，因此，得到的各梳齿的中心频率为 $f_c \pm n\Delta f_{LO}$，n 为正整数，光谱示意图如图中 B 点所示，未调制 OFDM 数据的光谱示意图如图中 B' 点所示。由于光频梳承载的数据需要经过后端 WSS 选择和滤波处理，因此，梳齿间隔 $\Delta f_{LO} = k \times f_{SLICE}$（$k$ 为正整数），其中 f_{SLICE} 为 WSS 的最小频隙宽度。光频梳由可重构多输出本振信号控制，通过改变本振信号的频率、振幅和相位，实现对 OFC 梳齿间距和梳齿数量的控制。

WSS 能够实现动态无阻塞地分配通道波长和带宽，具有完全可重构性。在设计中，根据卫星网络频谱占用情况，通过软件定义的方式控制 WSS 选择空闲的切片分配通道。如图 4.16 中 C 点所示，假设卫星光网络中 $f_c+2\Delta f_{LO}$ 和 $f_c-\Delta f_{LO}$ 两处频隙未被占用，控制 WSS 对可通过的频隙进行选择，将对应的两根梳齿滤出，送至网络中下一跳卫星节点。因此，通过联合 OFC 的数据搬移和 WSS 的频隙选择功能，GEO1 中继节点能够实现全光的波长变换，从而降低网络的阻塞率。此外，WSS 还能根据业务需求，通过控制允许通过梳齿数量，在 P2P 和 P2MP 的工作方式之间进行切换。同时，通过控制 WSS 内置的可调衰减器，可以均衡各通道功率的差异，以补偿谱线的波动，从而提高谱平坦度。

各通道数据以 WSS 的最小频隙宽度为栅格进行复用，由于 WSS 的切片宽度（一般为 12.5 GHz）远小于传统 WDM 的通道间隔，因此，设计中 UDWDM 的复用方式具有更高的频谱利用率。复用后的光信号经过自由空间传输到达 GEO/LEO 节点，通过 WSS 或者光滤波器滤出对应频隙的光信号，其中心频率为 $f_c-\Delta f_{LO}$，最后经过光电探测器和电滤波器可得到原始的 OFDM 数据。

4.2.3 系统实验与性能分析

基于所提出的卫星激光 UDWDM 结构和波长变换方案，搭建图 4.17 所示光正交频分复用（optical orthogonal frequency division multiplexing，OOFDM）传输与波长变换实验系统，对中继节点动态带宽分配、OOFDM 传输和全光波长变换能力进行验证。

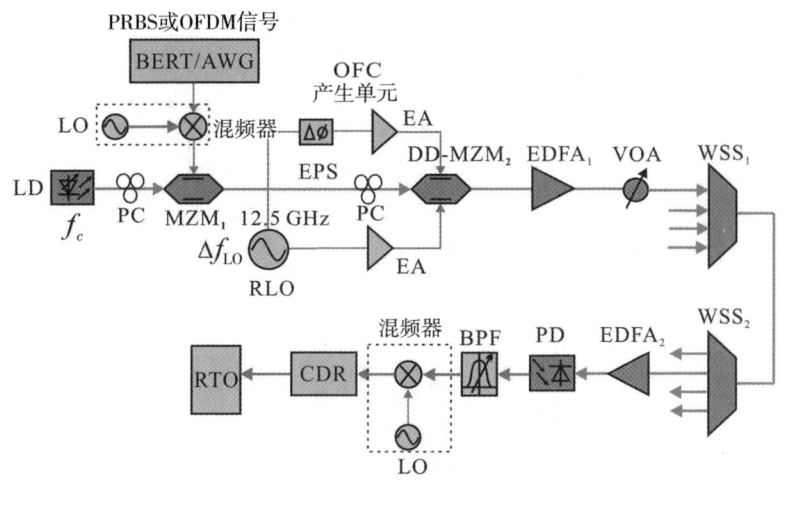

(a) 系统结构图

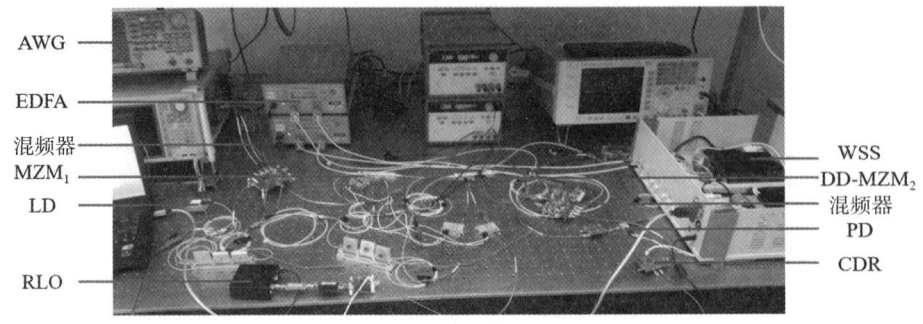

(b)实验现场图

图 4.17　OOFDM 传输与波长变换实验

首先,对 WSS 的频隙选择和动态带宽分配能力进行实验验证。实验中采用的两个 1×4 WSS 均为 Finisar 公司的 EWP-AA 系列产品,最小切片宽度为 12.5 GHz。将激光器输出直接送至 WSS 的 com 端口,通过偏振控制器(polarization controller,PC)控制 WSS 进行通道宽度切换,设置切片的个数分别为 1 至 4 个(Slice Number:143~146),对应的频隙宽度分别为 12.5,25.0,37.5,50.0 GHz。通过光谱仪(Anritsu MS9740A)测量得到的 WSS 输出不同频隙宽度的光谱图,如图 4.18 所示。由图 4.18 可知,通过调整 WSS 输出通道的中心频率和频隙宽度,可以实现对光频梳允许通过的梳齿进行选择,同时对梳齿数量进行控制。

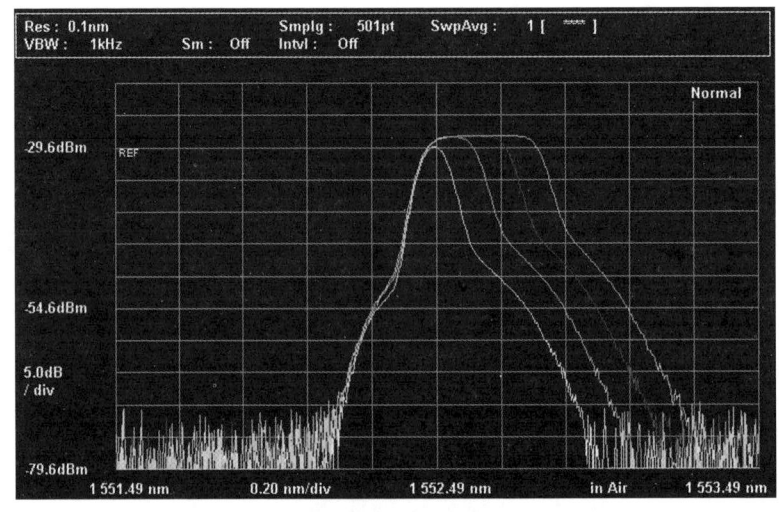

图 4.18　WSS 输出不同频隙宽度的光谱图

其次，对光频梳产生单元输出光梳齿的平坦度进行实验。在实验中，光频梳基于 DD-MZM(Photline MZDD-LN-20)产生，通过向 DD-MZM 两臂输入不同频率的本振信号得到。为了与 WSS 频隙宽度对应，需要设置光频梳梳齿间距为 12.5 GHz。通过对可重构本振源(DS SG6000L)的参数进行配置，使其二倍频和四倍频的端口分别输出 $\Delta f_{LO} = 12.5$ GHz 和 $2\Delta f_{LO} = 25$ GHz，并通过电移相器调整 DD-MZM 两臂间的相位。将两臂输入信号电压峰值分别设置为 3.65 V 和 1.35 V 且偏置电压为 0.75 V 时，调制器输出光频梳频谱图如图 4.19 所示。实验中，激光器中心波长为 1552.52 nm，产生光频梳的梳齿数量为 5 根，梳齿间隔为 12.5 GHz，平坦度小于 1.21 dB，且中心波长与 WSS 的 Slice 143 一致。

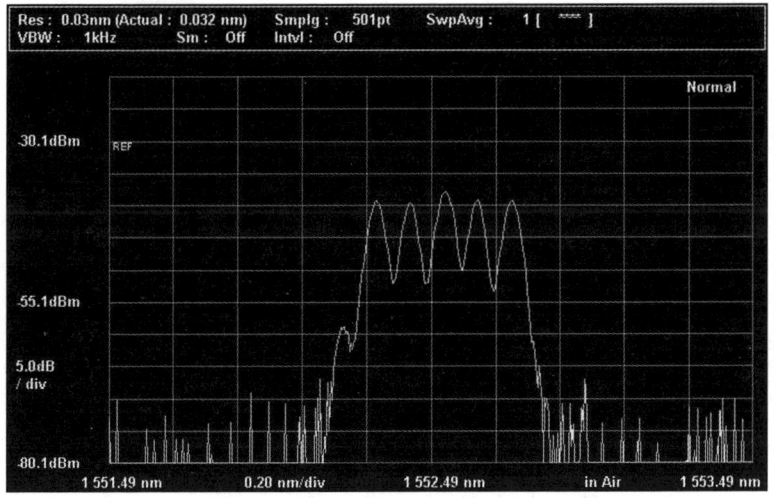

图 4.19　光频梳频谱图

最后，对 OOFDM 传输及全光波长变换系统进行实验。使用误码仪(Anritsu MP1800A)产生基带数据，数据速率为 1 Gbit/s，码型为 $2^{31}-1$ 的伪随机序列。通过 MZM 调制器(Photline MXAN-LN-10)将数据调制至光域，之后通过配置好参数的光频梳产生单元，产生的光频梳如图 4.20 中曲线所示。实验中，假设中心波长 1552.52 nm 在网络中已被占用，因此，控制 WSS 选择中心波长为 1552.42 nm 的第 2 根梳齿，并从 com 端口输出，从而实现全光波长变换的功能。WSS 允许通过的波长范围，如图 4.20 中曲线所示。

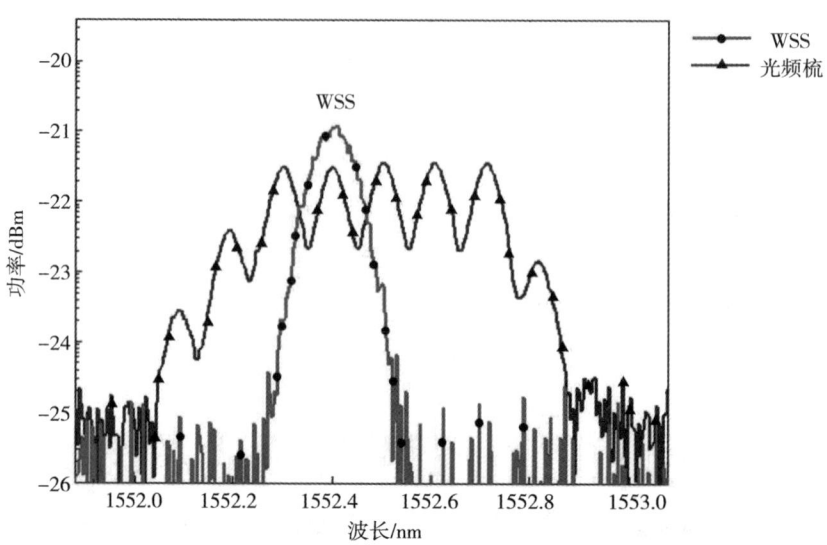

图 4.20 光频梳和 WSS 允许通过的波长范围的光谱图

在接收端,光信号经过 WSS 和 EDFA 放大后,通过 PD 探测器(Finisar XP-DV2120)得到电信号。基带数据经过放大和滤波处理后,送入数据和时钟恢复(CDR)单元电路,得到再生数据送入示波器观测波形,之后通过误码仪进行误码测试。改变 WSS 允许通过的频隙,对 5 根梳齿上承载的数据分别进行测试,得到的误码率曲线和眼图如图 4.21 所示。为了观察简便,图中仅给出了 1552.52 nm 波长信号的眼图。实验中,以速率为 1 Gbit/s 的基带数据为例对系统波长变换的功能进行验证,在实际情况下,激光链路所能承载的数据速率可达 2.5 Gbit/s 以上。此外,激光链路如果需要承载 IF 或者 RF 信号,输入数据可与对应频率的本振混频,以得到对应波段(S/C/Ku/Ka)的信号,如图 4.17(a)虚线框中所示。

基带码型测试完成之后,利用 AWG(Tektronix AFG3101)产生 OFDM 数据(由于数据经过 Hermitian 对称变换处理,因此只有 OFDM 的实部数据通过 AWG 发出),数据经过设计系统后,通过示波器采集数据进行误码测试。实验中产生 OFDM 数据的参数如表 4.1 所列。最后得到的误码率低于前向纠错编码 FEC 的阈值 $3.8×10^{-3}$,证明该系统能够实现 OOFDM 数据的传输。

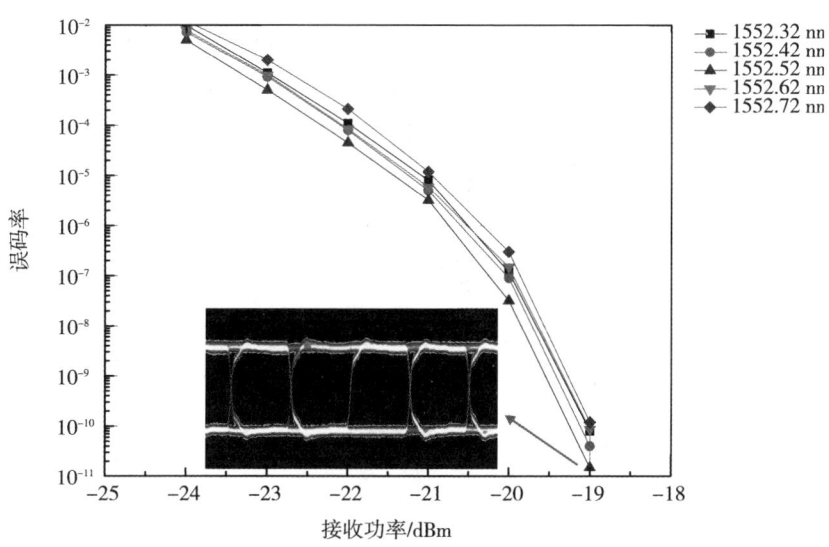

图 4.21 误码率曲线和眼图(Comb1~Comb5)

表 4.1 OFDM 信号参数表

参数	参数值	单位
IFFT/FFT 点数	1250	—
子载波数量	1000	—
调制方式	4-QAM	—
带宽	20	MHz
循环前缀	8	%
子载波间隔	20	kHz

◆ 4.3 本章小结

本章提出了卫星激光-微波混合链路弹性带宽交换和全光波长变换的方案。首先,在提出弹性带宽分配策略的基础上,仿真对比了三种频谱资源预留策略的优劣,结果表明,提出的基于业务分布的弹性带宽分配策略与传统方式相比,在业务饱和时,降低了近15%的频谱资源损失。其次,设计了应用于卫星光网络的弹性带宽交换单元的结构，搭建实验平台验证了交换节点的波长变换和带宽灵活分配能力。最后，针对卫星激光网络弹性带宽配置过程中产生的波长冲突问题，提出了一种基于 OFC 的全光波长变换方案。实验结果表明，经过波长变换后各通道误码率均低于 10^{-9}。这说明所提出的弹性带宽交换节点能够实现波长转换和动态调度的功能，具有频谱利用率高、负载功耗低和配置灵活等优势。

第5章 基于多频光本振的卫星多频段变频技术研究

目前，卫星的工作频段已由 C/Ku 波段向 Ka 波段甚至 V 波段发展，覆盖方式也由点波束覆盖向基于频率重用的多波束覆盖方式转变。因此，在 C/Ku/Ka 多波段、多波束处理与转发的需求下，卫星转发器的交换单元需要支持多通道、不同类型信号的变频和信号处理再生等功能。

对于星上变频问题的研究，2014 年，北京邮电大学徐坤教授课题组提出了采用双光频梳的方法，通过产生两个不同频率间隔的光频梳，耦合后进行拍频得到不同频段的频率，但是输出受 WDM 通道的限制，且系统整体结构和控制方式较复杂。2017 年，北京邮电大学的殷杰等人提出了将 DP-MZM 与单臂 MZM 并联的变频方案，通过调节两个调制器的直流偏置，来控制变频后信号的频率，但该方案能得到的输出频率数量有限，难以同时覆盖卫星各工作频段。

因此，本章在卫星激光-微波混合网络架构和交换节点的基础上，提出了基于 DSB-SC 方式和基于单 OFC 的星上并行多频段变频方案。该变频方案输出不受 WDM 通道的限制，能够覆盖多个卫星工作频段，同时并行变频的方式降低了星上负载的功耗和系统复杂度。分别搭建了实验系统，实现了 Ka 波段单一频率同时向多频段变频的方案，验证了所设计卫星转发器的变频功能和应用于多波段信号星上交汇场景的可行性。

本章后续内容如下：5.1 节设计了适用于多波段宽带卫星的中继转发器系统结构；5.2 节提出了基于 DSB-SC 的星上并行多频段变频方案，搭建了实验系统，对提出的方案进行验证；5.3 节提出了基于可重构单 OFC 的星上并行多频段变频方案，并搭建了基于微波光子学的多频段变频实验系统；5.4 节为本章总结。

5.1 多频段卫星中继转发器的结构与功能

卫星中继转发器作为卫星通信的重要组成单元，其主要功能是对卫星接收到的信号进行低噪放大、通道间切换、变频和信号处理等。由于目前卫星的工作波段存在差异，因此卫星转发器需要对 S、C、Ku、Ka 等各波段的信号均能够进行处理。从信号处理的角度，可以将卫星中继转发器分为两类，即弯管型卫星转发器和信号处理型卫星转发器。

传统的弯管型卫星转发器结构简单，目前已经得到广泛应用。弯管型卫星转发器不对接收的信号进行处理，而是直接将信号低噪放大和通道交换后进行发射。由于这类卫星转发器不将信号解调至基带，因此并不关心信号的内容，它像弯曲的管道一样，对信号的编码方式和调制方式都是透明的。在基于频率重用的多波束的宽带卫星中，弯管型卫星转发器仅能实现对各通道信号的中继和转发，不具有带宽灵活分配和数字处理等功能，既难以适应未来中继卫星对于信息处理的需求，也容易造成路由拥塞。因此，卫星转发器的功能正由"透明中继"向"星上交换处理"转变。

信号处理型卫星转发器可分为模拟透明卫星中继转发器和基于数字信号处理功能的卫星中继转发器，其结构分别如图 5.1(a) 和图 5.1(b) 所示。首先，转发器将接收到的信号进行低噪放大，之后通过调节本振信号频率并与输入信号混频，下变频后得到基带或者中频信号。然后通过模拟信号处理单元或者在模-数转换之后，基于数字信号处理(digital signal processing，DSP)技术对信号进行进一步处理。处理完成后，经过上变频和高功率放大器发送至多波束发射天线。卫星转发器采用相对成熟的 DSP 技术，可以提高信号转发的质量，实现波束间的灵活切换，能够满足点对点或点对多点的通信需求。然而，随着卫星工作频率的提高、Ka 波段卫星数量的增加及星上处理功能的引入，以上基于电域处理的转发器的系统结构变得非常复杂，且存在体积大、带宽受限、EMI 和交调失真严重等问题，越来越接近电域信号处理的极限，限制了转发器工作带宽和处理速率的进一步提高。

与传统的微波交换相比，基于微波光子技术的卫星微波变频技术能够支持更高频段，具有更强的处理能力，使信道间的交叉连接和频带变换更灵活。而基于微波光子技术的软件定义卫星中继转发器可以有效减小转发器的体积、重量和功耗,消除 EMI 和通道间的串扰,从而实现大带宽和超高速的信号处理。基于微波光子技术的软件定义卫星中继转发器原理图,如图 5.2 所示。

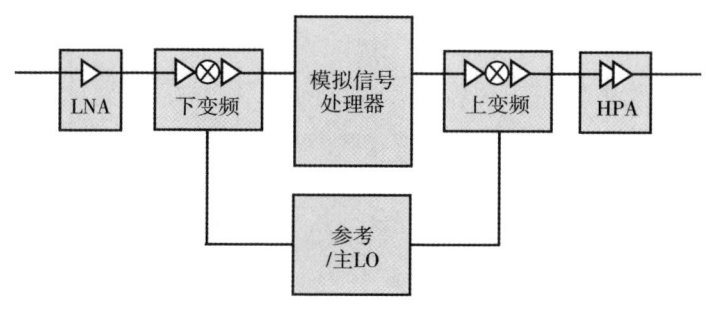

(a) 模拟透明卫星中继转发器

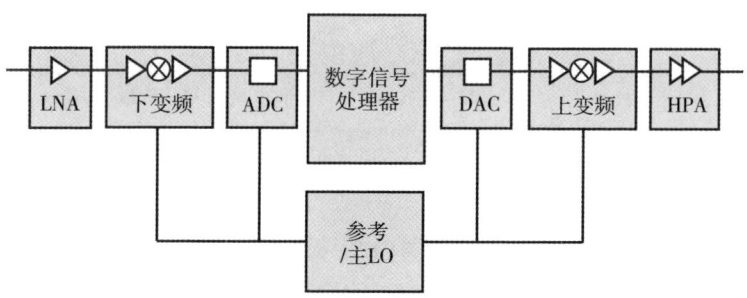

(b) 基于数字信号处理功能的卫星中继转发器

图 5.1 信号处理型卫星转发器

微波光子中继转发器由电-光和光-电转换单元、上下变频单元、交换单元、信号处理单元及多频光本振产生与分配单元构成。其中,信号的变频、通道交换和本振产生与分配功能均在光域完成。接收到的微波信号经过电-光转换单元变换至光域,通过与可重构的光本振产生单元的本振信号混频,下变频至 IF 频段或基带,之后完成通道交换和信号处理后,上变频至目的卫星频率,经过光-电转换后通过微波天线发出。此外,如果通道间采用了 WDM 技术,变频器的个数可以远小于通道数量,可以一定程度上提高变频的效率。这种结构使波束与波束之间的切换更灵活,且在卫星业务发生变化时,可通过软件定义的方式对各路带宽重新配置。

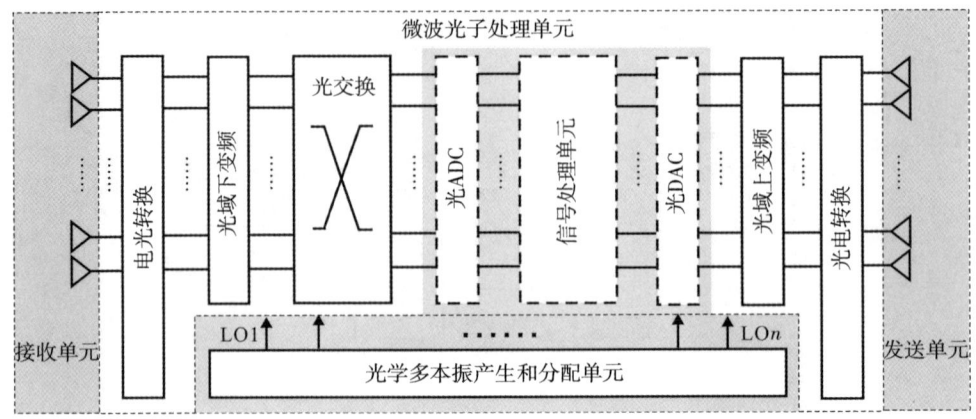

图 5.2　基于微波光子技术的软件定义卫星中继转发器原理图

变频是卫星转发器的重要功能，也是不同工作波段卫星之间通信的桥梁。由于各个国家均在发展 Ka 波段的宽带通信卫星，未来卫星的工作频段也由 C 和 Ku 波段向 Ka 波段发展。在未来很长一段时间内，卫星网络中将出现 S、C、Ku、Ka 工作波段共存的情况。点对点的单一频率的变换已经不能满足未来基于频率重用的多波束宽带通信卫星的需求，因此，设计一种能够支持全波段、多通道的变频单元对未来多频段卫星组网功能的实现非常重要。基于星上对于实现多通道、多频段通信的需求，这里提出了具有多频段变频功能的透明卫星转发器单元，其原理图如图 5.3 所示。

中继转发器由模拟透明转发单元、基于数字处理的分插复用单元和多频光本振产生单元三部分构成。透明模拟转发单元将来自 LEO 卫星或地面站的不同波段的信号(S/C/Ku/Ka)接收，在光域内通过上/下变频将其变换至目标频率。通过交换和模拟信号处理单元后输出，完成"透明"转发，使之与目的节点(如空间目标卫星或地面站的波段)匹配，搭建起不同工作波段卫星或地面站之间的通信桥梁。

节点具有数据再生和星上处理功能。交换单元不仅能实现微波通道间的交叉连接，而且能实现分插复用。交换单元根据控制指令通过软件定义的方式，对各通道进行切换，同时对每个通道所占带宽进行动态调整。对于传至当前卫星的数据，转发器节点能将信号下变频至中频，经过采样后对数字信号进行处理。同样，星上本地产生的数据可以通过上变频，得到不同波段的信号送至交换单元处理后转发。

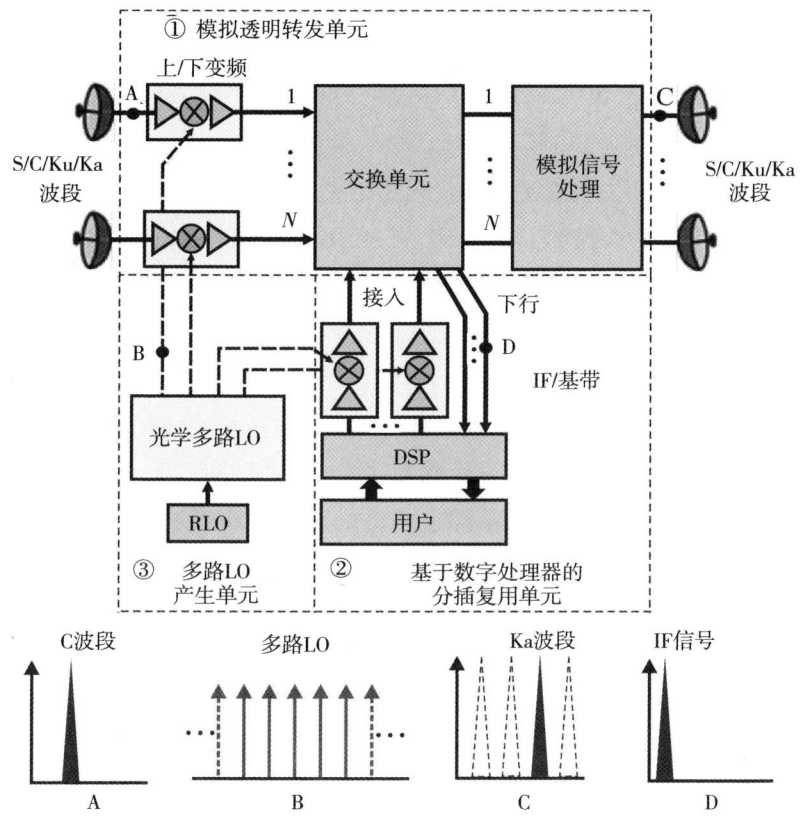

图 5.3 多频段卫星转发单元功能原理图

上述星上变频功能的实现均基于微波光子技术。一方面，光域变频由于载频高，无须多级变频，能有效避免谐波干扰，减小变频单元的体积和功耗。另一方面，基于多频光本振的变频方式在光域内对接收的微波信号进行全光变频处理，可以实现多频段、多信道同时并行变频，可显著提高变频效率，实现单目标对多目标的通信需求。

光本振信号的产生有多种方式，最直接有效的方式就是产生两束或多束相干光，通过光电探测器的外差作用得到光本振信号。在这一过程中，最重要的是产生的两束或多束光之间的相位相干性要足够好。同时，由于卫星业务在实时变动，光本振需要具有较好的可调谐性，以适应不同的应用场景。基于以上分析，这里选择 DSB-SC 方式产生的双边带信号和 OFC 分别作为变频单元的光本振信号,从而提出了基于 DSB-SC 方式和基于单 OFC 的星上多频段变频方案。

◆◇ 5.2 基于 DSB-SC 的卫星微波变频系统

假设 GEO 中继卫星接收到 Ka 波段的信息之后,要将承载的信息传输到下一跳 LEO 卫星节点,而目的卫星不具备接收和处理 Ka 波段信息的能力,工作波段为传统的 S、C 或 Ku 波段。因此,当前 GEO 中继卫星需要将微波信号变频至与目标卫星相对应的工作频段。

在搭建变频实验系统之前,需要先产生 Ka 波段的信号,用来模拟 GEO 中继卫星接收到的待变频的微波信号,同时,需要对微波光子链路的传输性能进行验证。因此,首先需要对 Ka 波段信号的产生方式进行设计,并搭建实验系统验证 Ka 波段信号在微波光子链路上传输的可靠性和稳定性。

5.2.1 Ka 波段信号的产生

(1)系统结构。

Ka 波段是电磁频谱微波波段的一部分,Ka 波段的频率范围为 26.5 ~ 40 GHz,通常用于千兆比特级宽带数字传输、高清晰电视(high definition television,HDTV)传输、面向家庭的卫星宽带接入和基站数据回传业务等高速卫星通信业务。由于 Ka 波段所处微波频率较高,为了提高镜像频率的抑制能力和接收灵敏度,这里采用了两次上变频的方式来产生 28 GHz 的 Ka 波段信号。同时,背对背测试了 Ka 波段的信号在微波光子链路传输的性能。搭建的 Ka 波段信号产生系统与卫星微波光子传输系统结构图,如图 5.4 所示。

图 5.4 中的左上部分给出了 Ka 波段信号的产生方式。首先,信号质量分析仪(signal quality analyzer,SQA)产生二进制伪随机序列(pseudo-random binary sequence,PRBS),得到的基带信号通过混频器 1 与 2 GHz 的本振信号相乘,将基带信号变换至 IF。其次,将中频信号通过混频器 2 进一步变换至 28 GHz 微波频段。在实验中,基于 AD 公司的有源混频芯片设计了混频电路,该芯片输入信号的中频频率范围为直流至 3 GHz,输出信号的射频频率范围为 25 ~ 31 GHz,混频器输出在 28 GHz 频段有较好的增益性能。它的工作原理是将本振频率二倍频后,再与中频信号相乘,属于二次谐波混频器,本振频率范围为

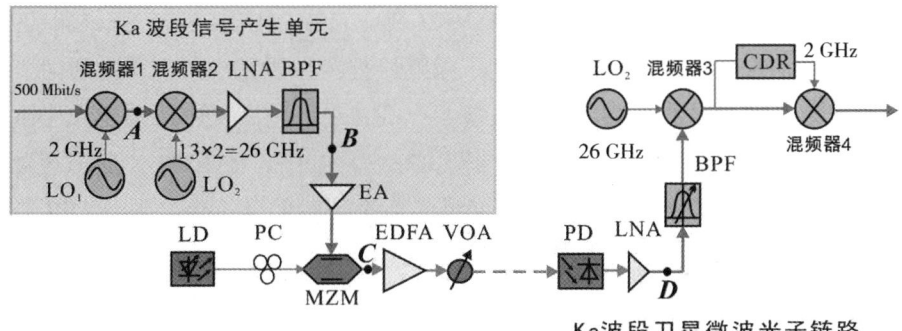

图 5.4　Ka 波段信号产生单元与卫星微波光子传输系统结构图

12~15 GHz。因此，本振源 2 仅需要输出 13 GHz 的本振信号，即可满足设计要求，从而降低系统的复杂度。最后，由于信号经过了两次上变频，在变频过程中会产生杂散的谐波分量和交调分量，因此，需要对变频后输出的 28 GHz 信号通过带通滤波器（band-pass filter，BPF）处理。同时，由于变频会有很大的功率损耗，需要在混频之后对信号进行低噪放大以补偿混频过程的功率损失。28 GHz 的 LNA 主要参数如表 5.1 所列，在之后搭建的其他实验系统中，LNA 与 BPF 的功能与这里讨论的一致，故不再赘述。

此外，考虑到本振源需要具有较好的可调谐性，实验中采用分频鉴相器芯片 HMC698、压控振荡器芯片 HMC529 和外部有源环路滤波器构成的锁相环（phase locking loop，PLL），以产生 13 GHz 时钟信号。分频鉴相器的分频比为 12~259 的连续整数，可通过配置对 VCO 输出的本振信号频率进行调节。实际测试中 PLL 频率输出范围为 12~13.4 GHz 时，输出功率波动小于 1.2 dBm，在频率频移值为 100 kHz 位置处，相位噪声小于 −90 dBc/Hz，满足系统要求。混频器电路实物图与本振 PLL 电路实物图，如图 5.5(a) 和图 5.5(b) 所示。

表 5.1　28 GHz 低噪放大器主要参数

性能参数	参数值
通带范围	25.5~29.5 GHz
放大增益	20 dB
噪声系数	<3.5 dB
端口驻波比	<1.5∶1

表5.1(续)

性能参数	参数值
供电电压	12 V
接口形式	2.92 mm(K)

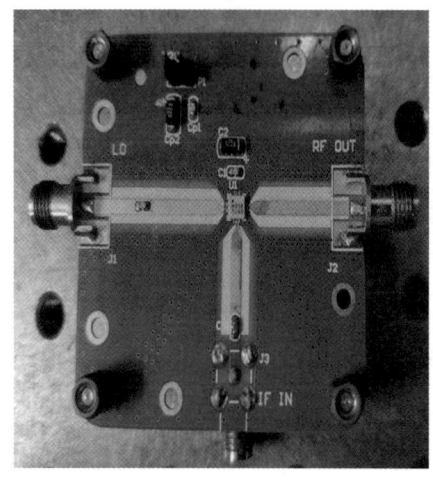 

(a)混频器电路实物图　　　　　　(b)本振 PLL 电路实物图

图 5.5　Ka 波段信号产生系统关键电路实物图

(2)微波光子链路可靠性测试。

基于二次变频的方式,利用研制的电路,搭建了 Ka 波段信号产生单元,如图 5.4 左上部分所示。信号质量分析仪(Anritsu,MP1800A)产生的 PRBS 长度为 $2^{31}-1$,基带数据速率为 500 Mbit/s,通过混频器 1 上变频至 IF,2 GHz 中频信号频谱图如图 5.6(a)所示。随后,IF 信号通过与 PLL 本振信号的二倍频(13 GHz×2=26 GHz)混频之后,得到 28 GHz 的 Ka 波段信号,经过低噪放大和带通滤波处理的频谱图如图 5.6(b)所示。

在 Ka 波段信号产生系统搭建完成后,需要对信号质量进行测试,同时,要对它在微波光子链路上传输的可靠性和稳定性进行验证,作为后面变频实验系统的重要组成部分。因此,搭建了背对背的微波光子链路传输系统(如图 5.4 右下部分所示),对产生的 Ka 波段的信号质量进行验证。

第5章 基于多频光本振的卫星多频段变频技术研究

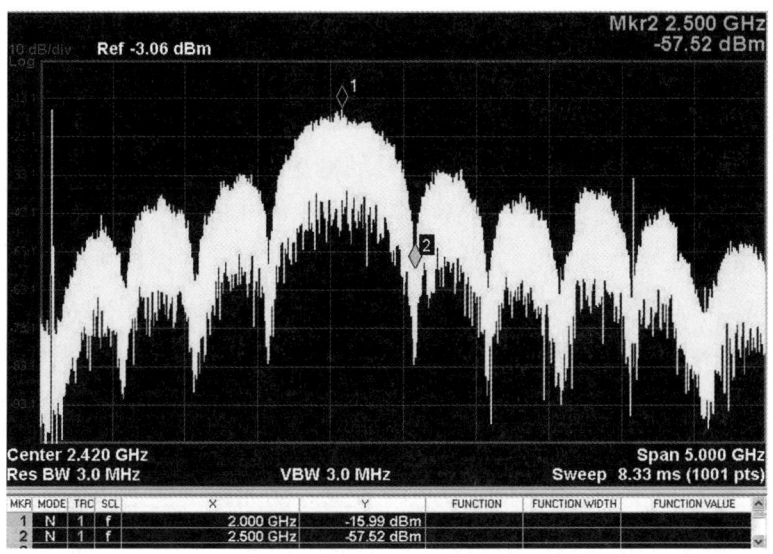

(a) 2 GHz 中频信号频谱图

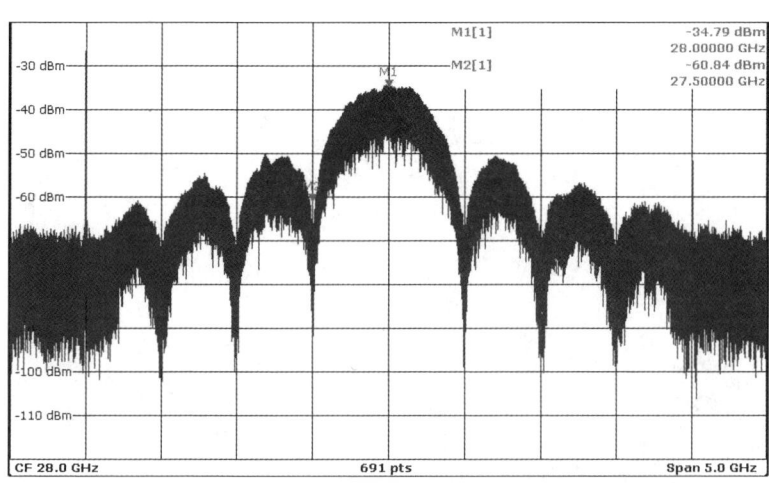

(b) 产生的 Ka 波段微波信号频谱图

图 5.6　Ka 波段信号产生系统频谱图

激光器(laser diode，LD)产生波长为 1549.96 nm 的光载波，其光功率为 −3.45 dBm。采用 MZM 电光调制器(Photline MX-LN-40)将 Ka 波段信号调制到光域，调制器工作波长为 1530~1625 nm，工作带宽的典型值为 30 GHz，半波电压 V_π=6.5 V，插入损耗为 4 dB。由于 MZM 对输入光信号的偏振状态敏感，因此，需要在调制器前加入 PC 对光信号的偏振态进行调整。另外，由于 MZM 调制器对输入电信号的功率要求较高，因此，将 Ka 波段信号通过电放大器(electric amplifier，EA)后，送入光电调制器。实验中，选择与 MZM 匹配的模拟驱动放大器(IXBLUE DR-AN-40-MO)作为电放大器，增益为+26 dB。调节偏置电压至 MZM 调制曲线的第一正交调制点，让系统工作在 DSB 调制方式，其偏置电压值为 V_{bias}=0.5 V_π=3.25 V，得到的 MZM 输出 Ka 波段信号电光调制后光谱图如图 5.7(a)所示。由图 5.7(a)可看出，光信号中心波长为 1550.00 nm，光功率为−8.4 dBm，上下一阶边带与中心载波的间距均为 28 GHz。由第 2 章分析可知，基于 DSB 方式产生光信号的能量主要集中在中心载波和一阶边带处，高阶分量对系统的影响可以忽略不计。为补偿光调制器的插入损耗，并保证目标卫星节点接收到的光信号具有足够的功率，在 MZM 后端加入 EDFA 对信号进行放大。实验中，采用 VOA 来模拟信号在卫星光信道传输时产生的衰减效应。

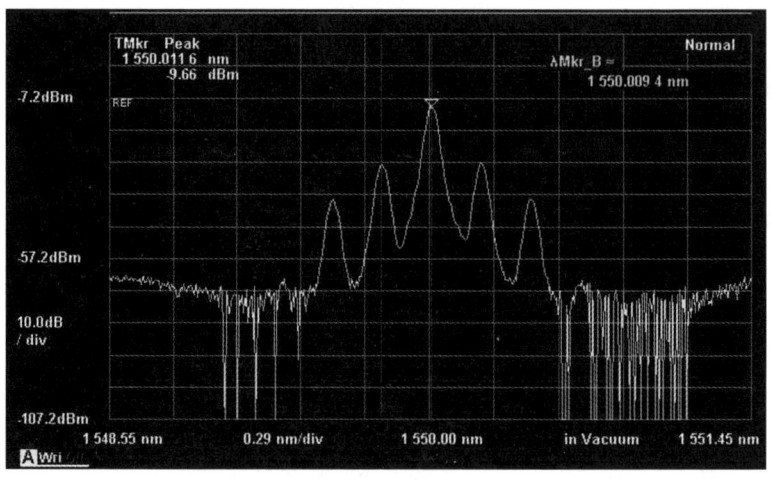

(a) Ka 波段信号电光调制后光谱图

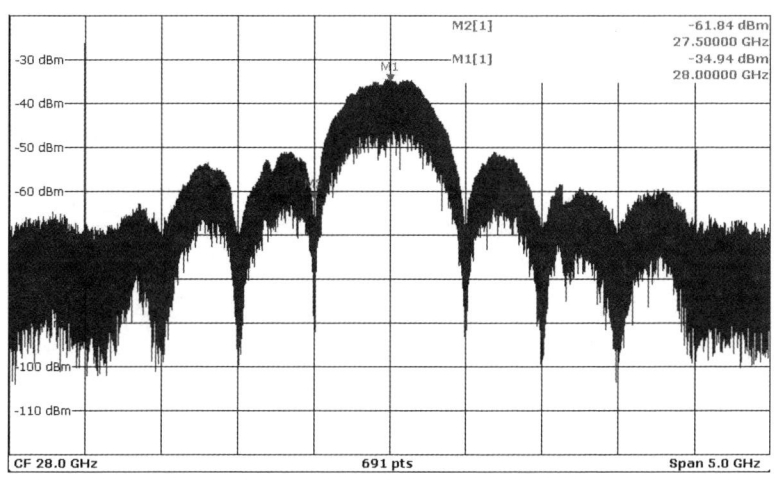

(b)光电探测后 Ka 波段信号频谱图

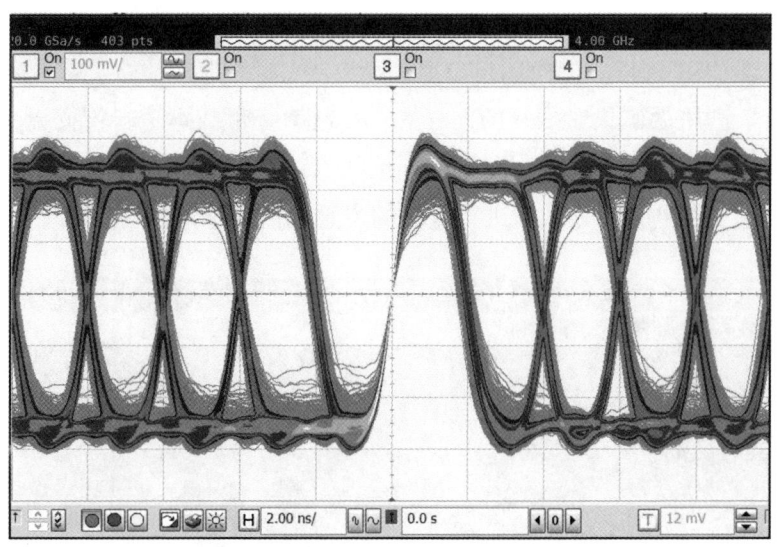

(c)经两次下变频后基带信号的眼图

图 5.7　背对背的微波光子链路传输实验结果图

在接收端，目的卫星节点接收到的光信号通过光/电探测器(PD)完成光/电转换，上/下边带与中心载波经过拍频作用得到 28 GHz 的电信号，电信号频率为一阶边带与中心频率之差，通过 LNA 与 BPF 处理后，其频谱图如图 5.7

(b)所示。与图 5.6(b)对比可看出,恢复得到的 Ka 波段信号中心频率为 28 GHz,且与发射端频谱基本一致。然后,与上变频过程对应的过程类似,将信号与本地产生的 26 GHz 本振信号进行混频,下变频至 2 GHz 的 IF,再通过混频器得到基带数据,通过示波器(Keysight,DSO90404A)观测恢复后基带信号的眼图如图 5.7(c)所示。

实验中,可以通过调节电移相器来控制发射与接收端本振信号之间的相位关系,但在实际应用中,由于发射单元与接收单元位于不同的 GEO 卫星或 LEO 卫星上,很难保证二者的本振信号保持同频同相的关系。同时,Ka 波段信号在自由空间光信道传输会产生相位漂移现象,采用固定的本地振荡器无法动态跟踪当前信号的状态。因此,在接收端采用了时钟恢复与数据提取技术(Clock Data Recovery,CDR),对 2 GHz 的中频信号进行载波恢复,即从接收到的中频信号中提取与信号同频同相的 2 GHz 时钟,并将此时钟作为 LO 信号进行混频。由于 CDR 得到的时钟与 IF 信号同源,因此,解调后得到的基带信号幅度稳定,示波器观测经过 CDR 处理后基带信号的眼图如图 5.8 所示,与图 5.7(c)对比可知,经过 CDR 处理后的眼图过零点失真更小,噪声容限更高,信号质量得到明显改善。利用误码仪对恢复的 500 Mbit/s 速率基带数据进行误码测试,测得的误码率小于 10^{-9}。由此可以证明,产生的 Ka 波段信号可以在微波光子链路上可靠传输,这也为在光域内进行变频的实验提供了基础。

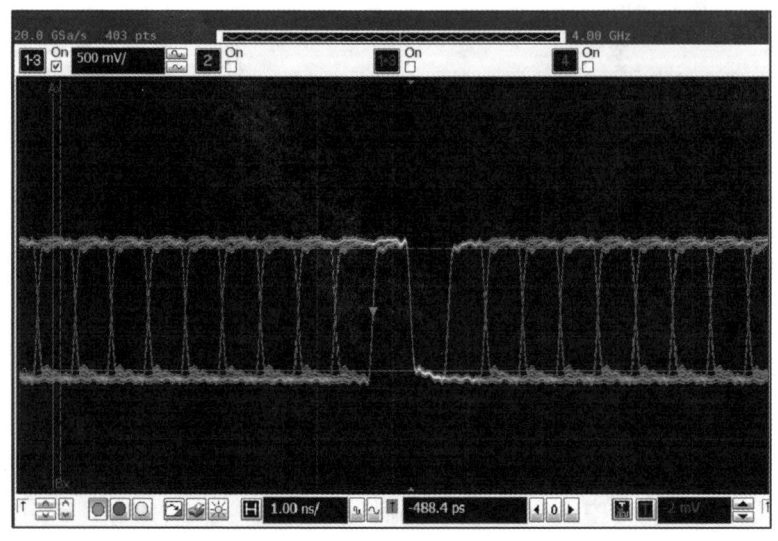

图 5.8　经过 CDR 处理后基带信号的眼图

5.2.2 变频方案与系统结构

在所提出的多频段卫星变频节点结构中，节点能够实现微波信号通道交换和变频的功能。同时，节点能够完成光-电和电-光转换任务。因此，在光域内实现变频可以有效提高混合交换节点的处理能力，是未来卫星中继节点的重要功能之一。

在光域变频的研究中，电光调制器（如 MZM 调制器）和光电探测器经常用作混频器件。多频率的光本振源能够有效地提高变频的效率，并且变频后输出的频率可以进行更灵活的控制。通过调节 MZM 偏置电压，控制调制器静态工作点的位置，可以使调制器工作在 DSB-SC 方式。将激光器作为光源，电的本振信号通过 MZM 后会得到上下两个边带，且两边带具有光功率相等、相干性好和边带间距可控等优点，可以作为后端光域变频需要的光本振信号。因此，这里提出了基于 DSB-SC 的微波变频方案，其节点结构与变换原理图，如图 5.9 所示。

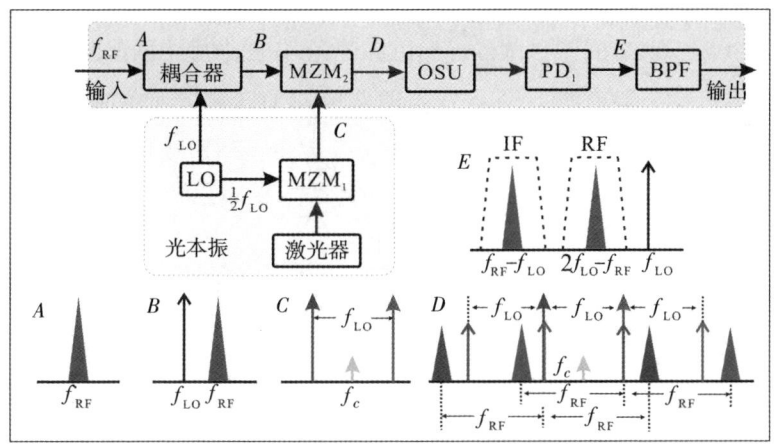

图 5.9 基于 DSB-SC 的微波变频节点结构与变换原理图

假设 GEO 卫星微波天线对一条微波链路传来的信息进行接收，得到的微波信号输入变频节点，其中心频率为 f_{RF}，如图 5.9 中 A 点所示。之后与电本振源输出的单频信号合路，其中本振信号的频率为 f_{LO}，且满足 $f_{RF} > f_{LO}$，得到的频谱示意图如图 5.9 的 B 点所示。可看出，频谱为输入微波信号与本振信号的叠加，合路后输出的信号送至光调制器进行混频。

在光本振信号产生单元中，设激光器中心频率为 f_c，光载波的电场强度可表示为

$$E_{\text{in}}(t) = \sqrt{2P_{\text{in}}}\,\mathrm{e}^{j\omega_c t} \qquad (5.1)$$

式中，P_{in} 为激光器的输出光功率，ω_c 为光载波的角频率。光本振源采用 DSB-SC 调制方式产生，光调制器的偏置电压设置在调制曲线最低点（MITP），输入调制器的电本振信号频率为 $0.5 f_{\text{LO}}$。调制器 MZM_1 输出的光本振信号的光谱，如图 5.9 中 C 点所示，其电场强度表达式为

$$E_C(t) = E_{\text{in}}(t)\cos\left(\frac{\pi V_{\text{bias}}}{2V_\pi} + \frac{\pi V_{\text{LO}}(t)}{2V_\pi}\right) \qquad (5.2)$$

式中，$V_{\text{bias}} = V_\pi + 2mV_\pi$ 为调制器的直流偏置电压，m 取整数时调制器工作点为调制曲线的最低点，V_π 为调制器的半波电压。$V_{\text{LO}}(t) = V_1(t) - V_2(t) = V_{\text{LO}}\cdot\cos\left(\frac{1}{2}\omega_{\text{LO}}t\right)$ 为调制器的两臂电压之差，V_{LO} 为输入调制器的电信号峰-峰值，$V_1(t)$ 和 $V_2(t)$ 分别为调制器两臂输入电压值，ω_{LO} 为电本振源的角频率。

假设静态工作点位于调制曲线的第一个周期，将 $m = 0$ 和光载波电场强度表达式(5.1)代入式(5.2)，可得

$$E_C(t) = -\sqrt{2P_{\text{in}}}\,\mathrm{e}^{j\omega_c t}\sin\left(\frac{\pi V_{\text{LO}}}{2V_\pi}\cos\left(\frac{1}{2}\omega_{\text{LO}}t\right)\right) \qquad (5.3)$$

利用贝塞尔函数展开 Jacobi-Anger 表达式

$$\sin(\phi\cos\Omega) = 2\sum_{n=0}^{\infty}(-1)^n J_{2n+1}(\phi)\cos((2n+1)\Omega) \qquad (5.4)$$

对式(5.3)推导可得

$$E_C(t) = 2\sqrt{2P_{\text{in}}}\,\mathrm{e}^{j\omega_c t}\left[\sum_{n=1}^{\infty}(-1)^n J_{2n-1}(\beta_1)\cos\left(\frac{(2n-1)}{2}\omega_{\text{LO}}t\right)\right],\ n=1,2,\cdots \qquad (5.5)$$

式中，$\beta_1 = \dfrac{\pi V_{\text{LO}}}{2V_\pi}$ 为调制器 MZM_1 的调制深度，$J_{2n-1}(\cdot)$ 为第一类贝塞尔函数。由式(5.5)可看出，调制器 1 输出的电场表达式中，仅存在奇次谐波，而中心光载波和偶次谐波都得到了抑制。由于高次谐波分量的功率很小，且对后端混频的影响较小，因此，在忽略高次谐波分量并假设调制器插入损耗为 0 时，光本振源输出信号可表示为

$$E_C(t) = -\sqrt{2P_{in}}J_1(\beta_1)\left[e^{j\left(\omega_c+\frac{1}{2}\omega_{LO}\right)t}+e^{j\left(\omega_c-\frac{1}{2}\omega_{LO}\right)t}\right] \tag{5.6}$$

因此，得到的抑制载波光本振信号的上下两个边带频率分别为 $\omega_c+\frac{1}{2}\omega_{LO}$ 和 $\omega_c-\frac{1}{2}\omega_{LO}$。调制器1输出的抑制载波双边带光信号，将作为后端在光域变频所需的光本振源使用。

光本振信号与合路器的输出信号通过光调制器 MZM_2 进行混频，输出混频后的光信号的光谱示意图如图 5.9 中 D 点所示。为了简化推导，将上边带与下边带作为独立的光本振源分别进行分析，最后在光域进行叠加分析最终得到的结果。其中，上边带作为载波混频后得到的电场强度可表示为

$$\begin{aligned}E_{D\_USB}(t) = &-\sqrt{P_{in}}J_1(\beta_1)\left[J_0(\beta_1)+J_0(\beta_2)\right]e^{j\left(\omega_c+\frac{1}{2}\omega_{LO}\right)t}+\\&\sqrt{P_{in}}J_1(\beta_1)J_1(\beta_1)\left[e^{j\left(\omega_c+\frac{3}{2}\omega_{LO}\right)t}+e^{j\left(\omega_c-\frac{1}{2}\omega_{LO}\right)t}\right]+\\&\sqrt{P_{in}}J_1(\beta_1)J_1(\beta_2)\left[e^{j\left(\omega_c+\frac{1}{2}\omega_{LO}+\omega_{RF}\right)t}+e^{j\left(\omega_c+\frac{1}{2}\omega_{LO}-\omega_{RF}\right)t}\right]\end{aligned} \tag{5.7}$$

式中，$\beta_2=\frac{\pi V_{RF}}{2V_\pi}$ 为调制器 MZM_2 的调制深度。通过对输入调制器 MZM_2 的电信号频谱进行分析可知，频率为 $\omega_c+\frac{1}{2}\omega_{LO}$，$\omega_c+\frac{3}{2}\omega_{LO}$，$\omega_c-\frac{1}{2}\omega_{LO}$ 的三个分量为单频分量，而频率为 $\omega_c+\frac{1}{2}\omega_{LO}+\omega_{RF}$ 和 $\omega_c+\frac{1}{2}\omega_{LO}-\omega_{RF}$ 的两个边带承载了接收到的微波链路的信息。同理，下边带单独作为载波经过 MZM_2 混频后，得到的电场强度可表示为

$$\begin{aligned}E_{D\_LSB}(t) = &-\sqrt{P_{in}}J_1(\beta_1)\left[J_0(\beta_1)+J_0(\beta_2)\right]e^{j\left(\omega_c-\frac{1}{2}\omega_{LO}\right)t}+\\&\sqrt{P_{in}}J_1(\beta_1)J_1(\beta_1)\left[e^{j\left(\omega_c+\frac{1}{2}\omega_{LO}\right)t}+e^{j\left(\omega_c-\frac{3}{2}\omega_{LO}\right)t}\right]+\\&\sqrt{P_{in}}J_1(\beta_1)J_1(\beta_2)\left[e^{j\left(\omega_c-\frac{1}{2}\omega_{LO}+\omega_{RF}\right)t}+e^{j\left(\omega_c-\frac{1}{2}\omega_{LO}-\omega_{RF}\right)t}\right]\end{aligned} \tag{5.8}$$

式中，频率为 $\omega_c-\frac{1}{2}\omega_{LO}$，$\omega_c+\frac{1}{2}\omega_{LO}$，$\omega_c-\frac{3}{2}\omega_{LO}$ 的三个分量为单频分量，而频率为 $\omega_c-\frac{1}{2}\omega_{LO}+\omega_{RF}$ 和 $\omega_c-\frac{1}{2}\omega_{LO}-\omega_{RF}$ 的两个边带承载了信息。因此，调制器 MZM_2 输出混频和信号的电场强度表达式可以由两部分叠加得到，由式（5.7）和式

(5.8)，可得图 5.9 中 D 点电场强度表达式为

$$E_D(t) = E_{D\_USB}(t) + E_{D\_LSB}(t) \quad (5.9)$$

得到的信号通过光交换单元进行通道选择，将数据切换至目的节点对应的微波链路。经过光交换单元切换后，光信号进入光电探测器进行混频。一般情况下，光信号通过光电探测器产生的电流满足平方律关系，可表示为

$$i(t) \propto \Re |E(t)|^2 \quad (5.10)$$

式中，$\Re$ 为光电探测器的响应度，$E(t)$ 为输入光电探测器光信号的电场强度。因此，信号 $E_D(t)$ 经过光-电变换之后，由于光电探测器的拍频作用能够输出两组带有数据信息的频率分量，其中心频率分别为 $f_{RF}-f_{LO}$ 和 $2f_{LO}-f_{RF}$。同时能输出频率为 f_{LO} 的本振信号，如图 5.9 中 E 点所示。

最后，通过带通滤波器，依据需要滤出对应的频率分量，从而实现射频到射频（$f_{RFout}=2f_{LO}-f_{RF}$）或射频到中频（$f_{IFout}=f_{RF}-f_{LO}$）的变换，实现节点的变频功能。在实际应用中，可以根据目标卫星的工作频段，调整电本振信号的频率 f_{LO} 至对应值，使得混频后产生的频率为 $f_{RF}-f_{LO}$ 的中频信号 IF 和频率为 $2f_{LO}-f_{RF}$ 的射频信号 RF 与目标卫星的工作频段相匹配。同时，输出的频率为 f_{LO} 的本振信号可以作为下一级变频单元或其他通道的信号处理单元的参考时钟，能够有效降低系统的复杂度。

综上所述，这种结构通过改变光本振源的频率或使用可调谐光本振源，可以实现灵活、多通道的微波卫星信道之间的交换和变频，支持 S/C/Ku/Ka 等频段的通道交换和通道分配，为不同工作频段的微波卫星提供中继。此外，经变换后得到的中频信号，可实现本地信号的下路，譬如在本地星上实现数据的恢复、再生、存储和处理等功能，或通过星-地微波链路送至微波地面站。

5.2.3 实验结果

基于所提出的卫星激光-微波链路混合交换结构和 DSB-SC 微波变频方案的分析，对网络中继节点的交换能力和微波光子技术应用于星上载荷处理的可行性，进行实验验证。其中，微波链路交换与变频实验系统框图和对应的实验现场图，如图 5.10(a) 和图 5.10(b) 所示。

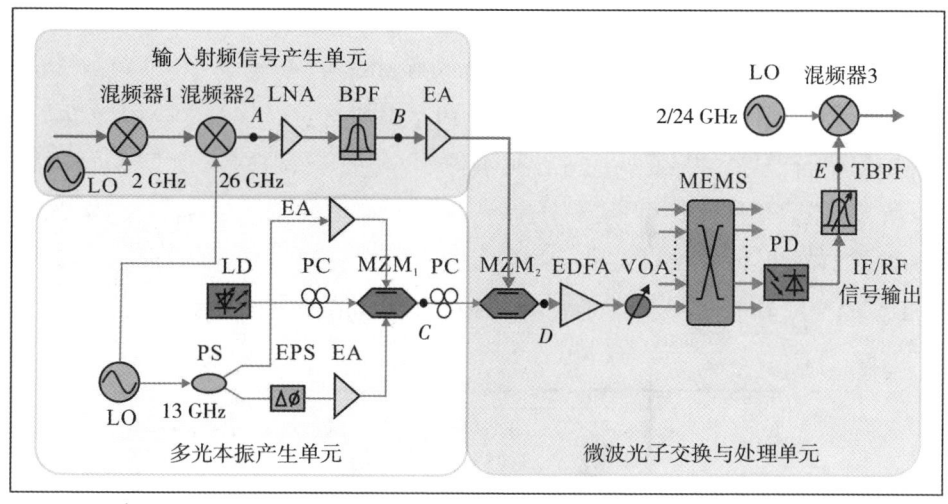

(a)实验系统框图

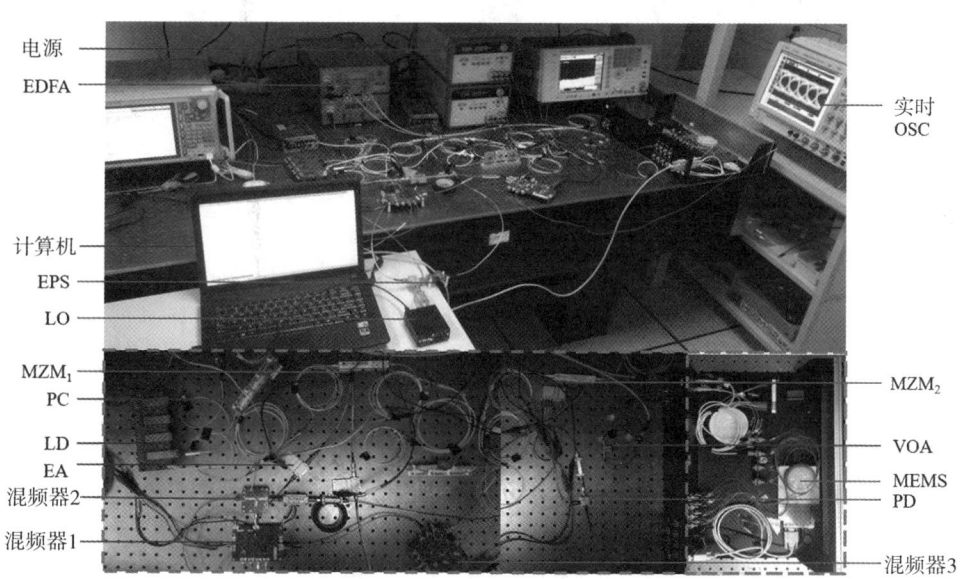

(b)实验现场图

图 5.10　微波链路交换与变频实验

首先，利用自行研制的电路，使微波信号产生单元产生中心频率为 28 GHz 的 Ka 波段信号，并作为后端处理单元的输入信号。误码仪(Anritsu MP1800A)产生基带数据，数据速率为 100 Mbit/s 和 500 Mbit/s，码型为 2^7-1 和 $2^{31}-1$ 的伪随机序列。微波信号通过两次上变频产生，基带数据分别与 2 GHz 和 26 GHz 本振信号进行混频，得到带有 26 GHz 载波的双边带已调信号，如图 5.10(a)中 A 点所示。上下边带的中心频率分别为 28 GHz 和 24 GHz，之后通过放大器和带通滤波器滤出 26 GHz 载波和上边带信号，如图 5.10(a)中 B 点所示，其频谱图通过频谱仪(Rohde & Schwarz FSVR40)测得，如图 5.11 所示。

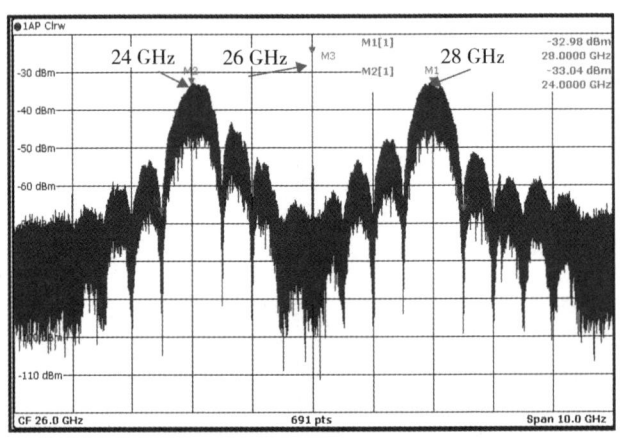

(a) 双边带信号

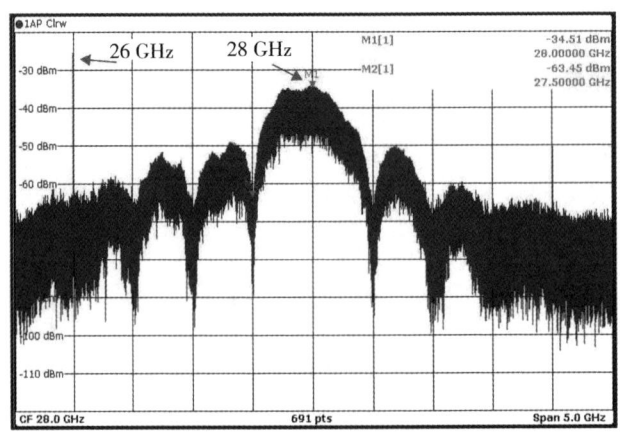

(b) 滤波器输出信号

图 5.11　28 GHz 信号产生单元频谱图

其次，多频光本振产生单元输出后端混频需要的光本振信号。光本振信号通过光载波抑制双边带调制方式产生，如图 5.10(a) 中 C 点所示，这里采用 2 个电移相器(electric phase shifter, EPS)来调整双臂 MZM 两臂之间的相位差，实验中分别设置 2 个 EPS 相位偏置为 0° 和 180°。由于 2 个 EPS 的插入损耗相同，且两臂输入信号的电压值等幅反相，因此，调制器工作在推挽模式，产生的光本振无啁啾现象。输入双臂调制器的本振信号频率为 13 GHz，直流偏置电压设置为 V_π。得到的输出信号一阶上边带和下边带之间的中心频率差为 26 GHz，光谱仪(Anritsu MS9740A)测得 MZM_1 输出光谱图如图 5.12 所示。

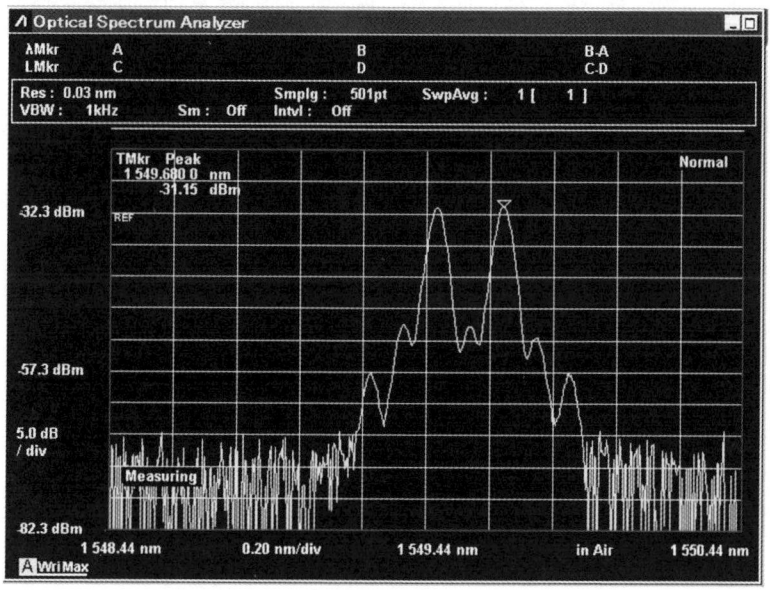

图 5.12 基于 DSB-SC 方式产生的光本振信号光谱图

最后，微波光子交换和处理单元实现通道交换和变频功能。射频信号产生单元输出的 28 GHz 电信号与光本振源输出的光信号通过 40 GHz 带宽电光调制器 MZM_2(Photline MX-LN-40)实现混频，如图 5.10(a) 中 D 点所示，输出信号光谱如图 5.13 所示。

由 4.2.3 节理论分析可知，光信号在混频后光谱上应该存在 8 个频率分量，分别为 $f_c-\frac{f_{LO}}{2}-f_{RF}$，$f_c-\frac{3f_{LO}}{2}$，$f_c+\frac{f_{LO}}{2}-f_{RF}$，$f_c-\frac{f_{LO}}{2}$，$f_c+\frac{f_{LO}}{2}$，$f_c-\frac{f_{LO}}{2}+f_{RF}$，$f_c+\frac{3f_{LO}}{2}$，$f_c+\frac{f_{LO}}{2}+f_{RF}$。其中，$f_c$，$f_{LO}$，$f_{RF}$ 分别表示光源、本振源和微波信号的频率。将这 8 个

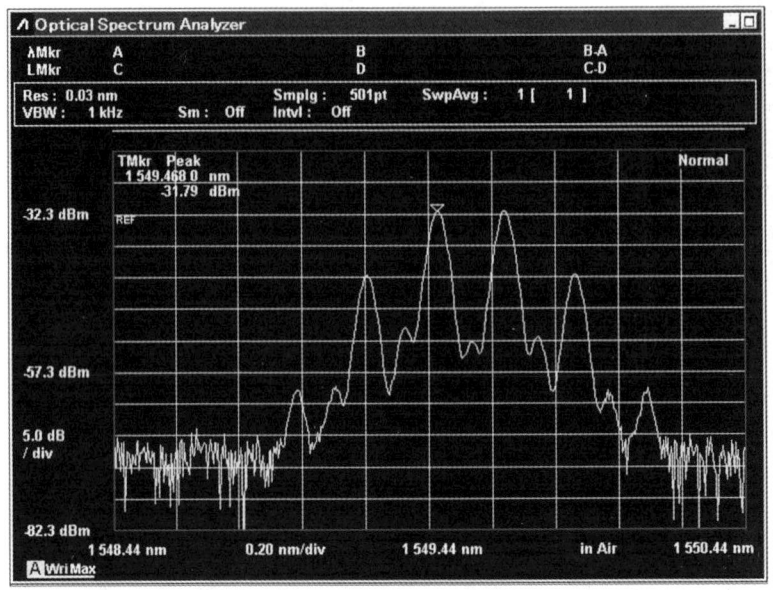

图 5.13 电光调制器输出混频后光信号频谱图

频率分量分为以下 4 组：

① $f_c - \dfrac{f_{LO}}{2} - f_{RF}$ 和 $f_c - \dfrac{3f_{LO}}{2}$；

② $f_c + \dfrac{f_{LO}}{2} - f_{RF}$ 和 $f_c - \dfrac{f_{LO}}{2}$；

③ $f_c + \dfrac{f_{LO}}{2}$ 和 $f_c - \dfrac{f_{LO}}{2} + f_{RF}$；

④ $f_c + \dfrac{3f_{LO}}{2}$ 和 $f_c + \dfrac{f_{LO}}{2} + f_{RF}$。

在 4 个分组中，组内 2 个频率分量之间的差值均为 $f_{RF} - f_{LO} = 2$ GHz。由于这个值与光谱仪的测量范围相比是 1 个相对小的值，因此，每组中的 2 个频率分量在光谱仪上仅能显示 1 个峰值，4 组频率分量分别对应图中 4 个峰值。其波长分别为 1549.244，1549.468，1549.676，1549.900 nm，对应的频率差为 27.97，25.97，27.97 GHz，与理论分析结果一致。

将混频后的光信号通过 EDFA 和可调光衰减器 VOA 处理后，送入后端全光交换单元，交换单元由基于 MEMS 光开关的 8×8 光交换矩阵构成，通过控制指令完成通道的交换。完成交换后进入 40 GHz 带宽光电探测器（Finisar XPDV2120）进行拍频，输出电信号频率中包含 28−26 = 2 GHz 的中频分量和 2×

26−28=24 GHz 的射频分量,如图 5.10(a)中 E 点所示。之后通过带通滤波器得到变频后的射频/中频信号,频谱仪(Keysight N9020A)测得的频谱分别如图 5.14(a)和图 5.14(b)所示。

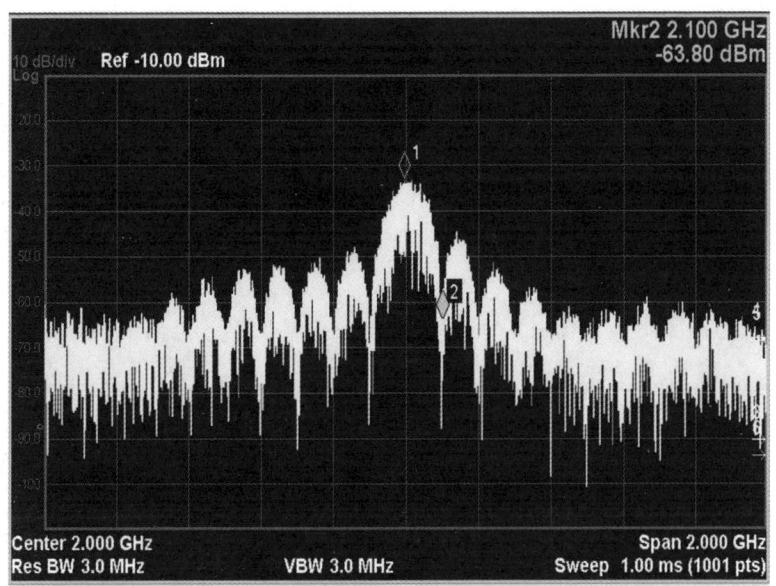

(a) 2 GHz 中频信号频谱

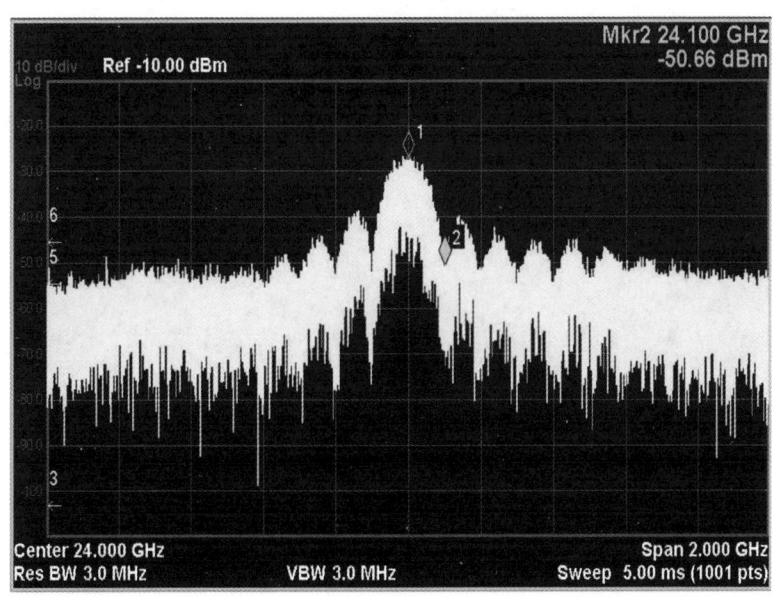

(b) 24 GHz 射频信号频谱

图 5.14　变频后电信号频谱图

为了模拟目的卫星或地面站接收数据和验证信号质量,利用本振源对该信号进行混频和低通滤波,可得到原始基带数据。图 5.15 为恢复后的基带数据眼图,其速率分别为 100 Mbit/s 和 500 Mbit/s,测试码型长度为 2^7-1 和 $2^{31}-1$ 的基带数据眼图,误码仪测得的误码率均小于 10^{-9}。

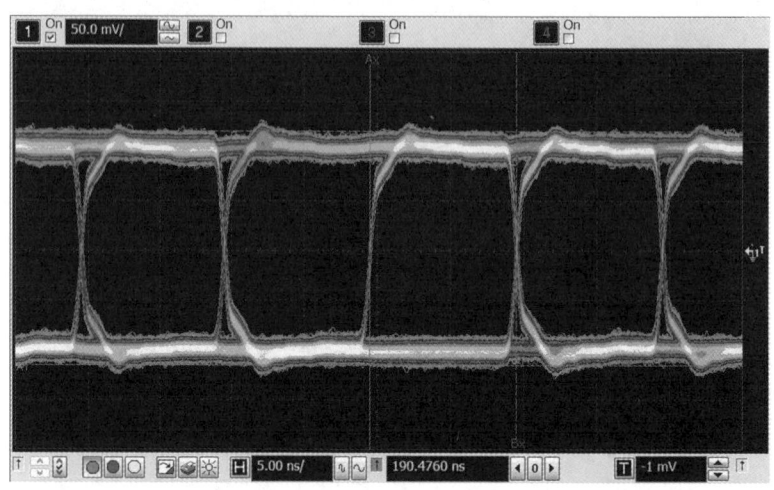

(a) 速率:100 Mbit/s,测试码型长度 2^7-1

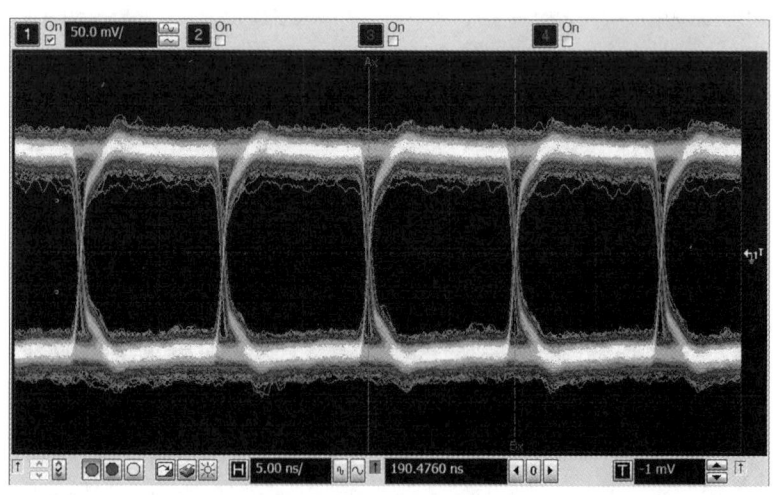

(b) 速率:100 Mbit/s,测试码型长度 $2^{31}-1$

第5章 基于多频光本振的卫星多频段变频技术研究

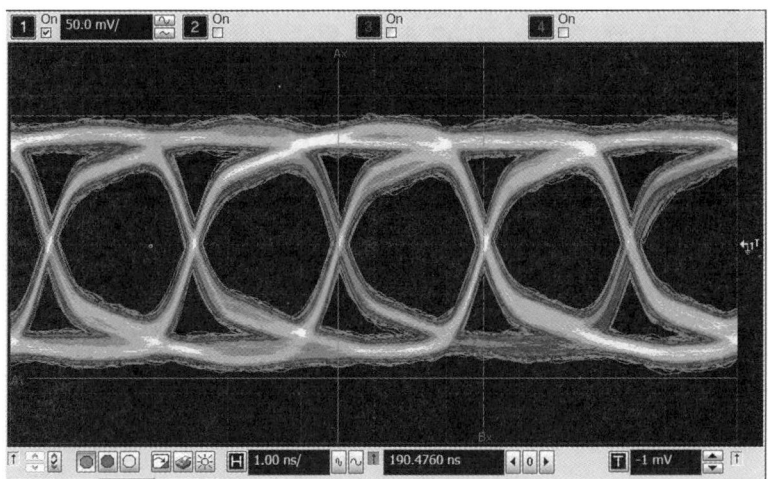

(c) 速率：500 Mbit/s，测试码型长度 2^7-1

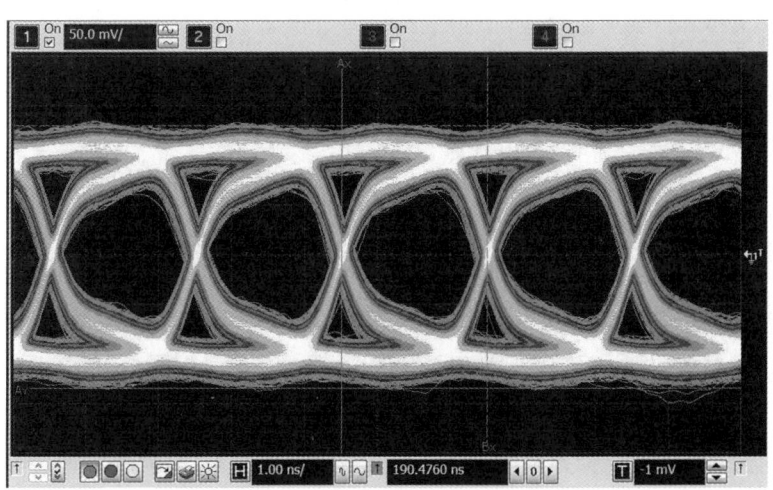

(d) 速率：500 Mbit/s，测试码型长度 $2^{31}-1$

图 5.15 恢复后的基带数据眼图

5.3 基于可重构 OFC 的卫星多频段变频系统

基于 DSB-SC 的方式产生的双频光本振，支持对 Ka 波段的信号变换至其他 RF 或 IF 频段。如果中继卫星输出的多路信号需要覆盖卫星所有工作频段，且要求多路并行输出，则需要更多频率的光本振源。采用激光器阵列的解决方案需要对所有激光器的中心波长和间距进行配置，控制方式相对复杂、可重构能力差。而 OFC 作为一种多波长光源，光谱上具有频率分量离散、等间距和相干性好等特点，很符合变频系统对光本振的要求。因此，本书提出了一种基于可重构 OFC 的卫星多频段变频方案。

5.3.1 OFC 的产生

常见的产生 OFC 的方法主要包括：基于锁模激光器方式、基于单级/多级电光调制器方式、基于循环频移方式和基于非线性效应的方式等。早期的 OFC 主要基于锁模激光器产生，它在时域上输出周期性的脉冲序列，通过傅里叶变换可得到频率间隔相等的 OFC。激光器内部色散会使前后脉冲相位发生偏移，使载波间距不稳定，需要较复杂的校准过程。基于循环频移的方式产生 OFC，是通过循环频移器来增加产生的梳齿数目，虽然其产生的梳齿数目多、平坦度好，但是存在系统结构复杂、载波噪声较大等问题。基于非线性效应的方式利用激光器或光纤中的非线性效应，如自相位调制 SPM 和四波混频 FWM 等，由于对非线性状态控制难度大，因此产生 OFC 的中心波长和梳齿间隔，均不可调谐且梳齿数量不可控。

在所有的 OFC 产生方案中，由于基于单级/多级电光调制器的方式具有稳定性和可调谐性好等优势，因此应用最为广泛。通过控制射频源的幅度、直流偏置电压和频率等参数，可以实现对光频梳性能的灵活控制，可重构性好。虽然单级电光调制器产生的梳齿数量受到一定程度的限制，但是，通过强度调制器或相位调制器级联的方式，可以获得的载波数量大，以满足不同的需求。基于上述分析，由于卫星多频段变频系统需要对 OFC 的梳齿间隔和梳齿数量进行控制，对多频光本振源的可重构性有较高要求，因此，下面将采用基于电光调制器的方式产生 OFC，并对其平坦度等性能进行优化。

基于单级 DD-MZM 的光频梳产生原理图，如图 5.16 所示，在 DD-MZM 的两臂上分别输入大功率的 RF 信号,对连续波激光器进行电-光调制。在调制器上、下两臂中,均分别产生了多个高阶的频率分量,由于频谱中各频率分量之间的间距为一个固定值,因此可以将调制器的输出作为 OFC 使用。但是,一般情况下输出 OFC 的各频率分量的强度之间会有较大差异,且各谐波的强度变化高度相关。由于产生的 OFC 平坦度差将严重影响后端信号的质量和各通道之间的对称性,因此,下面讨论对 OFC 平坦度进行优化的方法,并从理论上给出OFC 优化的条件,为后面实验系统的搭建与调试提供重要依据。

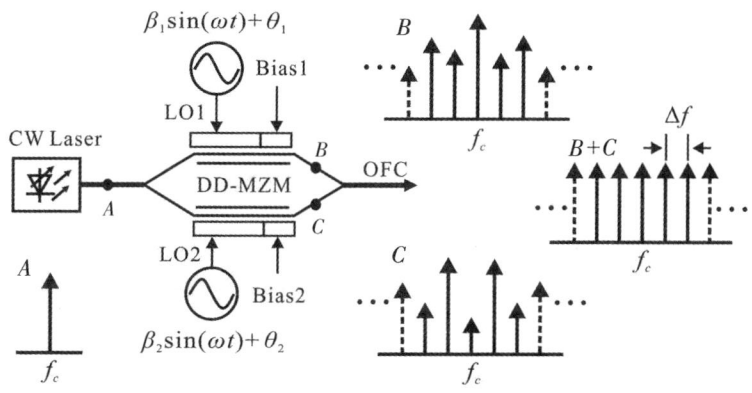

图 5.16 基于单级 DD-MZM 的光频梳产生原理图

由于 DD-MZM 由上、下两个臂构成,输出端光信号由两臂信号耦合得到,因此,若要输出光频梳的梳齿间距为固定值,则加载到两臂外部调制信号的频率,需要满足的关系可表示为

$$\omega_U = n\omega_D, \quad n = 1, 2, \cdots \quad (5.11)$$

式中,ω_U 和 ω_D 分别为上、下两臂外部调制信号的角频率。在理论分析和之后的实验中,将取最典型的情况($n=1$)进行分析,即两臂加载同频的电信号。在DD-MZM 两臂加载外部调制信号和直流偏置电压后,产生的相移可分别表示为

$$\varphi_1(t) = \beta_1 \sin(\omega t) + \theta_1 \quad (5.12)$$

$$\varphi_2(t) = \beta_2 \sin(\omega t) + \theta_2 \quad (5.13)$$

式中,θ_1 和 θ_2 为直流偏置电压控制的固定的相移,β_1 和 β_2 为外部电信号引入相移的幅值,ω 为输入电信号的角频率,满足 $\omega = \omega_U = \omega_D$,可以得到输出 OFC 的梳齿间隔为 $\Delta f = \dfrac{\omega}{2\pi}$,则 DD-MZM 输出光信号的光场强度可表示为

$$E_{out} = \frac{1}{2} E_{in} \sum_{k=-\infty}^{\infty} \left[J_k(\beta_1) e^{j(k\omega t + \theta_1)} + J_k(\beta_2) e^{j(k\omega t + \theta_2)} \right] \qquad (5.14)$$

式中，E_{in} 为 CW 激光器输出光信号的场强；$J_k(\cdot)$ 为第一类 k 阶贝塞尔函数；β_1 和 β_2 表示两臂的调制深度，与输入电压的峰–峰值和调制器半波电压有关。在驱动信号电压值幅度较大的情况下，输入的 CW 光源到输出的 OFC 中 k 次谐波的能量转换效率，可近似表示为

$$\eta_k = \frac{P_k}{P_{in}}$$

$$\approx \frac{1}{2\pi \bar{\beta}} \left\{ 1 + \cos(2\Delta\theta)\cos(2\Delta\beta) + \left[\cos(2\Delta\theta) + \cos(2\Delta\beta)\right] \cos\left(2\bar{\beta} - \frac{(2k+1)\pi}{2}\right) \right\}$$

$$(5.15)$$

式中，$\Delta\theta = \frac{\theta_1 - \theta_2}{2}$，$\Delta\beta = \frac{\beta_1 - \beta_2}{2}$，$\bar{\beta} = \frac{\beta_1 + \beta_2}{2}$ 分别为两臂直流偏置引入的相差、外部电信号引入的相移幅值的差与和平均相移。由式(5.15)可看出，转换效率与输出信号谐波的阶数 k 有关。随着 k 的变化，输出谐波的能量出现高低起伏的变化，这就导致输出的 OFC 梳齿之间的能量分布不均、平坦度较差。在理想情况下，激光器输入的能量经过 DD-MZM 后，应该被平均分配到各个梳齿上。因此，为了得到平坦度较好的 OFC，式(5.15)中能量转换效率的值应该与 k 无关，通过推导得出对 OFC 平坦度优化的条件为

$$\Delta\beta + \Delta\theta = n\pi \pm \frac{\pi}{2} \qquad (5.16)$$

在满足式(5.16)的情况下，输出的光频梳的所有梳齿具有相同的功率。在忽略 DD-MZM 插入损耗的条件下，将式(5.16)代入式(5.15)，经过推导可以得出能量转换效率的表达式为

$$\eta_k = \frac{1 - \cos 4\Delta\theta}{4\pi \bar{\beta}} \qquad (5.17)$$

在能量均匀分配到各个梳齿的条件下，输出 OFC 各个梳齿的功率应尽可能高，以作为后端变频单元的多频光本振源。由式(5.17)可知，当且仅当 $\Delta\theta = \frac{\pi}{4}$ 时，能量转换效率达到最大，其值为

$$\eta_{k,\max} = \frac{1}{2\pi \bar{\beta}}, \quad \Delta\theta = \Delta\beta = \frac{\pi}{4} \qquad (5.18)$$

因此，式(5.18)为推导得出的基于 DD-MZM 方式产生平坦光频梳且能量转换效率达到最大的条件。

以上理论分析未考虑光调制器带宽限制和本身的插入损耗，得到 OFC 的梳齿数量是无限多的。但是，在实际应用中，由于 DD-MZM 调制器和驱动放大器的带宽限制、激光器的输入光功率的限制，以及系统本身的损耗，输出平坦 OFC 的带宽是受限的，中间平坦度较好部分的梳齿，可以作为后端的光本振信号，因此，为了评价产生的 OFC 的质量，下面将采用 N_F 和 ΔP 来对比产生的 OFC 的优劣。其中，N_F 表示输出 OFC 光谱中平坦度符合要求的梳齿的数量，ΔP 表示平坦度符合要求的所有梳齿之间功率差异的最大值。

基于以上理论分析，利用 OptiSystem 15.0 仿真软件，对基于 DD-MZM 方式产生 OFC 进行仿真。假设激光器发射光信号功率为 -2 dBm，中心波长为 1552 nm，调制器半波电压为 6.5 V，插入损耗为 3.5 dB，输入的电本振信号的频率为 10 GHz，通过控制 DD-MZM 两臂输入信号的衰减和偏置电压来调整 $\Delta \beta$ 和 $\Delta \theta$ 取不同的值，则仿真得到的 OFC 频谱图如图 5.17(a) 和图 5.17(b) 所示。

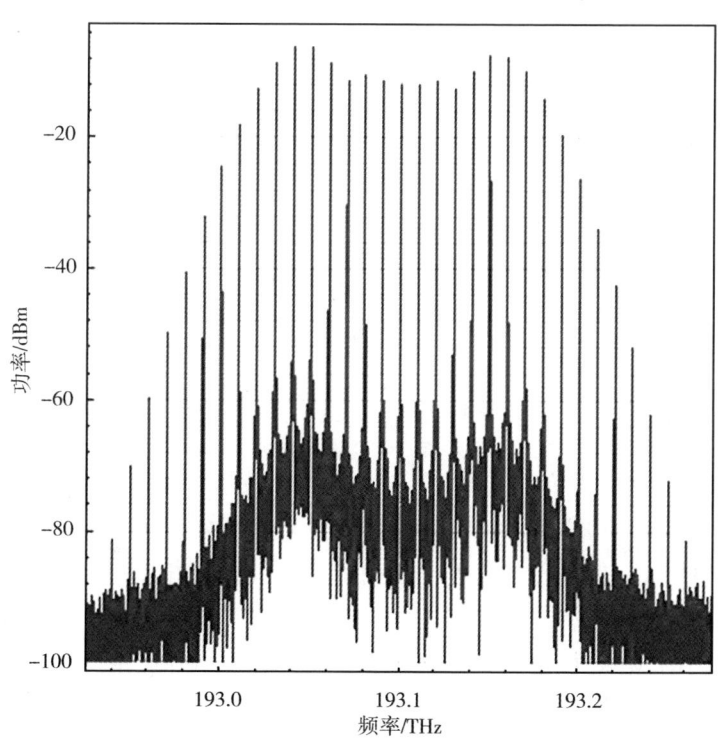

(a) $\Delta \beta = \pi$，$\Delta \theta = 0.25\pi$

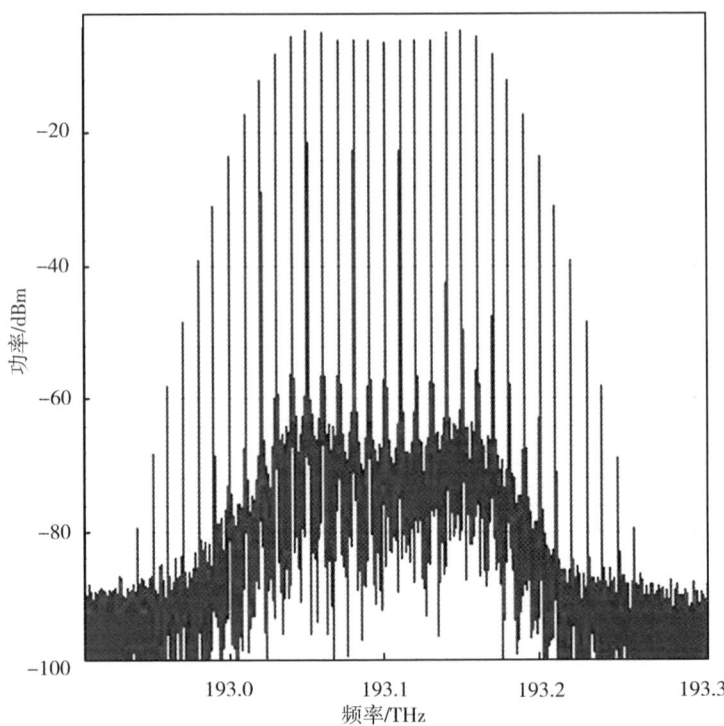

(b) $\Delta\beta=0.25\pi$,$\Delta\theta=0.25\pi$

图 5.17 基于 DD-MZM 方式产生的 OFC 频谱图

对比图 5.17(a)和图 5.17(b)可知,图 5.17(a)中控制输入电压和偏置电压分别得到 $\Delta\beta=\pi$,$\Delta\theta=0.25\pi$,即在不满足平坦 OFC 产生条件 $\left(\Delta\beta+\Delta\theta=n\pi\pm\frac{\pi}{2}\right)$ 时,得到的 OFC 梳齿间平坦度较差,各频率分量功率差异较大,各梳齿的功率波动会对后端性能造成影响。而图 5.17(b)中输入电压和偏置电压对应的 $\Delta\beta=0.25\pi$ 和 $\Delta\theta=0.25\pi$,满足光梳平坦条件,得到的 OFC 梳齿间功率差异小,在光谱图中部同样选择 $N_F=11$ 根梳齿的条件下,图 5.17(a)中 OFC 的平坦度 ΔP_1 为 6.8 dB,而图 5.17(b)中的 OFC 的平坦度 ΔP_2 为 1.9 dB。可看出,通过合理控制 DD-MZM 的输入信号电压和偏置电压,使其满足理论分析中的平坦 OFC 产生条件,梳齿间平坦度提高了 4.9 dB,OFC 信号质量得到了优化。

5.3.2 变频方案与系统结构

与传统的微波多级混频方式相比，基于微波光子技术的多频段变频节点能支持更高频段，具有更强的处理能力。考虑到文献[69]中光频梳的间隔一定程度上限制了 IF 信号的范围，而利用光频梳不同梳齿能在更宽的范围内与 IF 信号进行拍频，从而提出了一种基于单光频梳的多频段变频方案，其原理框图如图 5.18 所示。

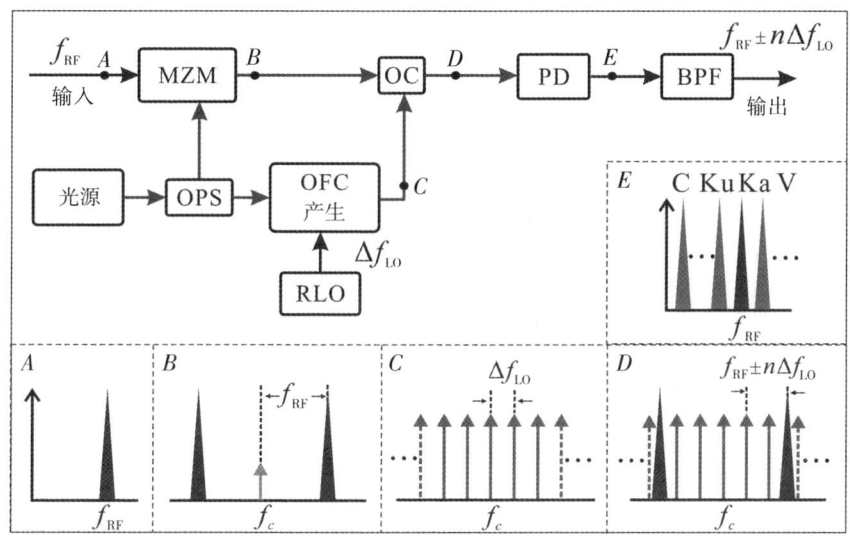

图 5.18 基于可重构 OFC 的多频段变频原理框图

假定某一路输入射频信号的中心频率为 f_{RF}，如图 5.18 中 A 点所示。星上本地光源发射中心频率为 f_c 的激光，经过光功分器（optical power splitter，OPS）分为两路，其中一路作为输入射频信号的光载波，将接收到的信号变换至光域；另一路激光用于产生光频梳，其中电本振信号频率为 Δf_{LO}。两路信号通过光耦合器 OC 合路后，通过光电探测器拍频得到多频率的并行输出。最后依据目的节点卫星工作波段的需求，使用电滤波器滤出变频后对应频段的输出信号。

将输入的射频信号经过电光调制器转换至光域，调制器的偏置电压设置在调制曲线最低点（$V_{bias} = V_\pi + 2mV_\pi$，其中 m 为整数），通过 DSB-SC 调制方式得到图 5.18 中 B 点输出光信号的电场强度表达式为

$$E_B(t) = \frac{\sqrt{2}}{2} E_{in}(t) \sin\left(\frac{\pi V_{RF} \cos(\omega_{RF} t)}{2 V_{\pi 1}}\right)$$

$$= -\frac{\sqrt{2}}{2} E_{in}(t) \left[2 \sum_{n=1}^{\infty} (-1)^n J_{2n-1}\left(\frac{\pi V_{RF}}{2 V_{\pi 1}}\right) \cos((2n-1)\omega_{RF} t) \right], \quad n = 1, 2, \cdots$$

(5.19)

式中，$E_{in}(t) = \sqrt{2P_{in}} e^{j\omega_c t}$ 为激光器输出电场强度，P_{in} 为激光器的输出光功率，ω_c 为光载波的角频率。V_{RF} 和 ω_{RF} 分别为输入调制器射频信号的峰-峰值和角频率，$V_{\pi 1}$ 为调制器 MZM_1 的半波电压，$J_{2n-1}(\cdot)$ 为第一类 $2n-1$ 阶贝塞尔函数。忽略高次谐波分量，仅保留式(5.19)中的一次谐波分量，调制器输出信号可表示为

$$E_B(t) = \sqrt{P_{in}} J_1\left(\frac{\pi V_{RF}}{2 V_{\pi 1}}\right) \left[e^{j(\omega_c + \omega_{RF})t} + e^{j(\omega_c - \omega_{RF})t} \right]$$

(5.20)

因此，调制器输出信号上下边带的频率分别为 $\omega_c + \omega_{RF}$ 和 $\omega_c - \omega_{RF}$。

同时，激光器的另一路输出送至光梳产生单元，设计中采用单级双驱动 MZM_2 调制器产生光频梳，并通过可重构的本振模块对光频梳梳齿间隔进行控制。设本振输出的角频率为 $\Delta \omega_{LO}$，则得到图 5.18 中 C 点的信号表达式为

$$E_C = \frac{1}{2} \sqrt{P_{in}} e^{j\omega_c t} \sum_{k=-\infty}^{\infty} \left[J_k\left(\frac{\pi V_{LO1}}{2 V_{\pi 2}}\right) e^{j\left(k\Delta\omega_{LO} t + \frac{\pi V_{bias1}}{V_{\pi 2}}\right)} + J_k\left(\frac{\pi V_{LO2}}{2 V_{\pi 2}}\right) e^{j\left(k\Delta\omega_{LO} t + \frac{\pi V_{bias2}}{V_{\pi 2}}\right)} \right]$$

(5.21)

式中，V_{LO1}，V_{LO2} 分别为双臂调制器上、下两臂输入信号的峰-峰值，V_{bias1}，V_{bias2} 为两臂的直流偏置电压，$V_{\pi 2}$ 为双臂调制器的半波电压。设 $\theta_1 = \frac{\pi V_{bias1}}{V_{\pi 2}}$，$\theta_2 = \frac{\pi V_{bias2}}{V_{\pi 2}}$，$\beta_1 = \frac{\pi V_{LO1}}{2 V_{\pi 2}}$，$\beta_2 = \frac{\pi V_{LO2}}{2 V_{\pi 2}}$，由式(5.15)可知，调制器输出 k 次谐波的功率相对输入的转换效率，可近似表示为

$$\eta \approx \frac{1}{2\pi\bar{\beta}} \left\{ 1 + \cos(\Delta\theta)\cos(2\Delta\beta) + \left[\cos(2\Delta\theta) + \cos(2\Delta\beta)\right] \cos\left(2\bar{\beta} - \frac{2k+1}{2}\right) \right\}$$

(5.22)

由 5.3.1 节的分析可知，当 $\cos(2\Delta\theta) + \cos(2\Delta\beta) = 0$ 时，转换效率 η 与谐波次数 k 无关。因此，通过对 DD-MZM 输入信号的幅值和直流偏置电压进行调节，当满足 $\Delta\beta + \Delta\theta = n\pi \pm \frac{\pi}{2}$ 条件时，调制器可以输出平坦的光频梳。光频梳的

参数由可重构多输出本振信号(reconfigurable local oscillator，RLO)控制，通过改变本振信号的频率、振幅和相位，实现对光频梳的梳齿间距和梳齿数量的控制。

假设得到的光频梳梳齿数为 $2N+1$，则光频梳信号与上路抑制载波双边带信号合路，得到图 5.18 中 D 点的信号电场强度为

$$E_D \propto \sqrt{P_{in}} J_1(\beta_1) \left[e^{j(\omega_c+\omega_{RF})t} + e^{j(\omega_c-\omega_{RF})t} \right] + \sum_{n=-N}^{N} \sqrt{P_{in}} J_1(\beta_2) e^{j(\omega_c+n\Delta\omega_{LO})t} \quad (5.23)$$

式中，β_1 与 β_2 分别为两个调制器的调制深度。由于光信号通过光电探测器产生的电流满足平方律关系，因此，对光电流 $i(t)$ 表达式进行分析可知，得到的电信号包含 $2\omega_{RF}$，$n\Delta\omega_{LO}$，$\omega_{RF}\pm n\Delta\omega_{LO}$ 三种频率分量，其中，n 为正整数。

通过控制 RLO 输出合适的频率 $\Delta\omega_{LO}$，能使频率分量 $\omega_{RF}\pm n\Delta\omega_{LO}$ 完全覆盖 S/C/Ku/Ka 等波段，之后根据目的卫星的工作频段进行滤波处理，就可以滤出一个或多个对应频段的 RF 或微波信号。因此，这种结构能够实现并行的多频率变频，能够兼容当前大多数卫星的工作频段，从而为不同波段的微波卫星提供中继。

5.3.3 实验结果

基于所提出的星上多频段变频方案，对卫星转发器的变频能力和微波光子技术应用于星上载荷处理的可行性进行实验验证。其中，微波变频实验系统框图和对应的实验现场图，如图 5.19(a)和图 5.19(b)所示。

首先，利用自行研制的电路产生中心频率为 28 GHz 的 Ka 波段信号，并将其调制到光域。误码仪(Anritsu MP1800A)产生数据速率为 500 Mbit/s 的基带数据，码型为 2^7-1 和 $2^{31}-1$ 的伪随机序列。基带数据分别与 2 GHz 和 26 GHz 本振信号进行混频，经过两次上变频处理后，通过放大器和带通滤波器滤出上边带信号。将中心频率 $f_{RF}=28$ GHz 的 Ka 波段信号通过光载波抑制双边带调制方式变换至光域，光调制器带宽为 40 GHz(iXBlue MX-LN-40)，直流偏置电压设置为 V_π。得到的输出信号一阶上、下边带和光载波之间的频率差为 28 GHz，如图 5.19(a)中 B 点所示。光谱仪(Anritsu MS9740A)测得 MZM 输出的光谱图，如图 5.20(a)所示。

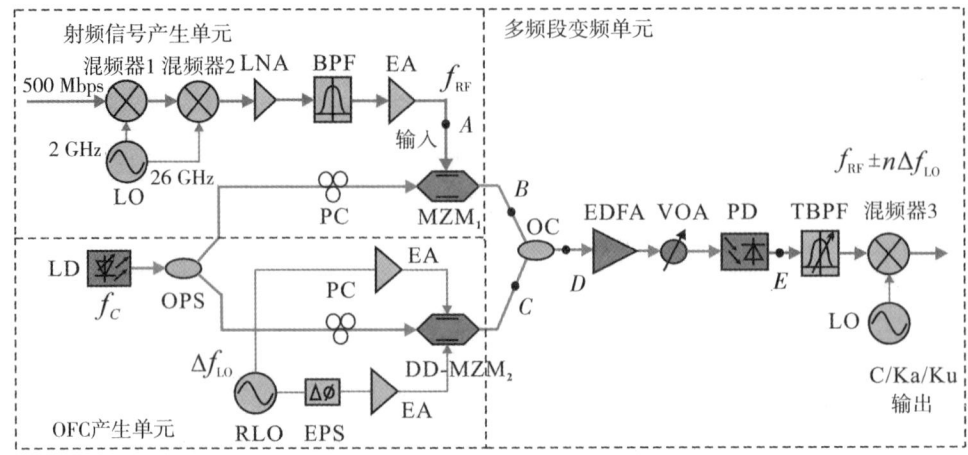

(a) 微波变频实验系统框图

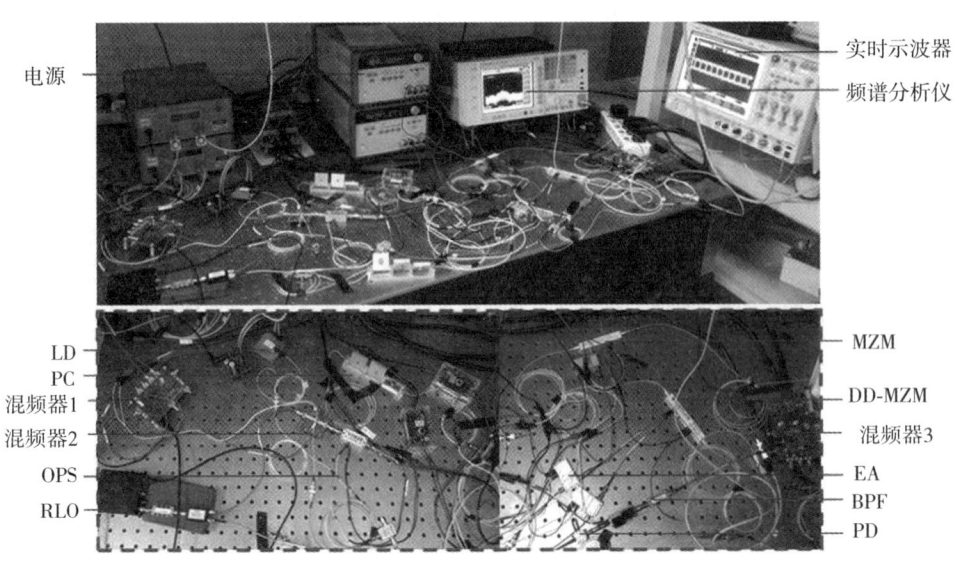

(b) 微波变频实验现场图

图 5.19 星上多频段变频实验

其次，光频梳产生单元输出后端混频需要的光本振信号。光频梳通过向 DD-MZM 两臂输入不同频率的正弦射频本振信号产生，如图 5.19 中 C 点所示。通过对可重构本振源(DS SG6000L)的参数进行配置，使其二倍频和四倍频端口分别输出 $\Delta f_{LO}=13$ GHz 和 $2\Delta f_{LO}=26$ GHz，再通过电驱动放大器，加载到 DD-MZM 的两臂。通过对可重构本振源输出端口的衰减、调制器双臂相位差和偏压的控制,能够输出不同梳齿数量的光梳($n=3,4,5$)。将两臂输入信号电压峰值设置为 3.8 V 和 1.5 V,且偏置电压为 0.95 V 时,调制器输出光频梳频谱图如图 5.20(b)所示。光频梳的梳齿数量为 5 根,梳齿间隔为 13 GHz,平坦度小于 1.29 dB,且中心波长与图 5.20(a)光谱一致。

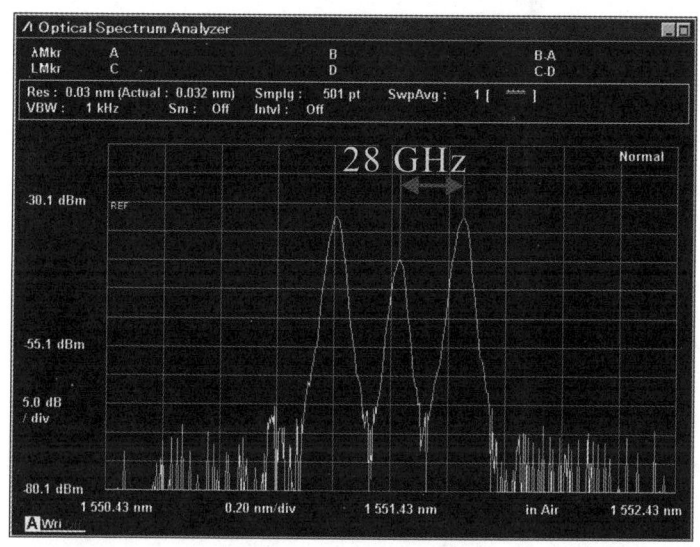

(a) 28 GHz Ka 波段信号频谱图

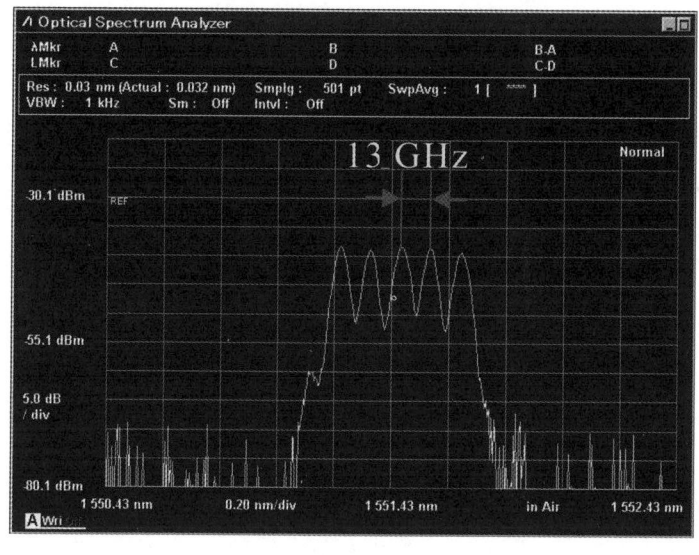

(b) 光频梳信号频谱图

图 5.20　光调制器输出信号频谱图

最后，多波段变频单元实现变频功能。调制到光域的 28 GHz Ka 波段信号与 13 GHz 频率间隔的光频梳信号通过光耦合器进行合路，如图 5.19(a) 中 D 点所示，输出信号光谱如图 5.21 所示。光谱图中 5 个峰值之间的频率差分别为 15，13，13，15 GHz，与理论分析结果一致。

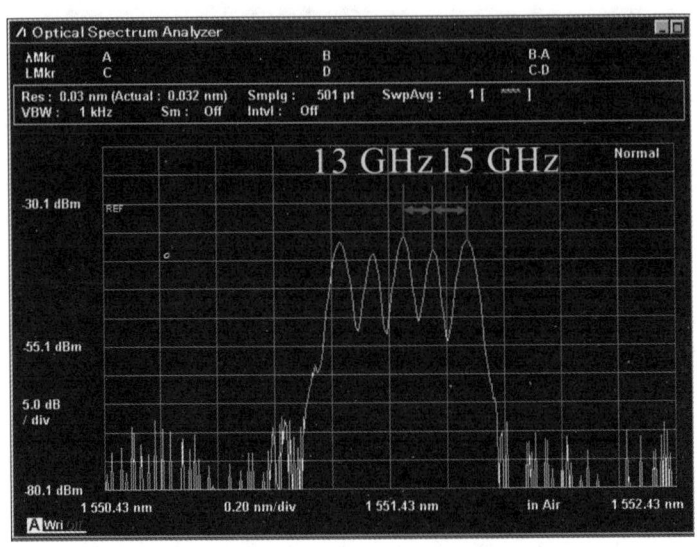

图 5.21　28 GHz Ka 波段信号与光频梳信号耦合后的光谱图

耦合后的信号通过 EDFA 和可调光衰减器处理后，送入 50 GHz 带宽光电探测器(Finisar XPDV2120)进行拍频。光信号经过 PD 产生的电流满足平方律关系，28 GHz 信号的上、下边带分别与 OFC 的每 1 根梳齿进行拍频，实验中 OFC 梳齿间距为 13 GHz，且 28GHz 信号与 OFC 信号中心频率相等。因此，输出电信号频率中包含 2，15，28 GHz 等 ($28 \pm n \times 13$) 频率分量，如图 5.19(a) 中 E 点所示。受频谱仪测量带宽限制，实验中未测得 41 GHz 和 54 GHz 频率分量的频谱，理论仿真得到的光电探测后的输出频谱图如图 5.22 所示。

为了模拟目的卫星或地面站接收数据和测试变频后的信号质量，通过带通滤波器滤出电信号中 2 GHz 的频率分量，频谱仪(Keysight N9020A)测得的频谱如图 5.23(a) 所示。将其恢复至基带得到的数据眼图，如图 5.23(b) 所示，数据速率为 500 Mbit/s，测试码型长度为 $2^{31}-1$，误码仪测得的误码率低于 10^{-9}。

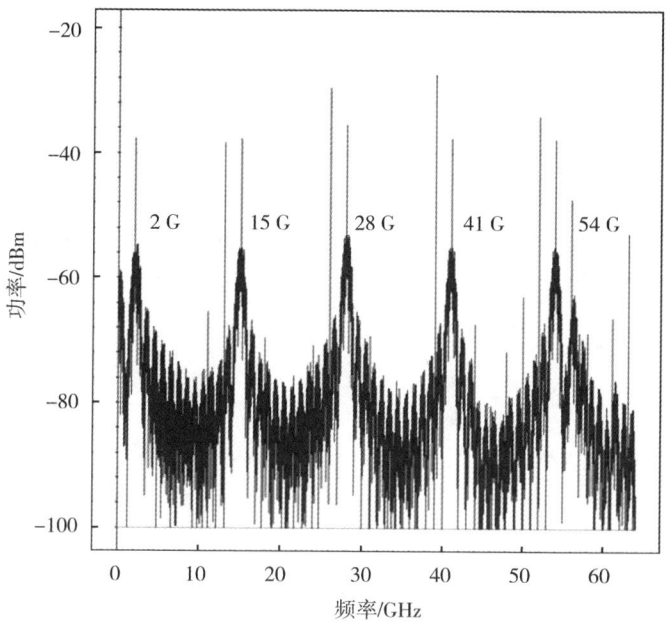

图 5.22 理论仿真得到的光电探测后的输出频谱图

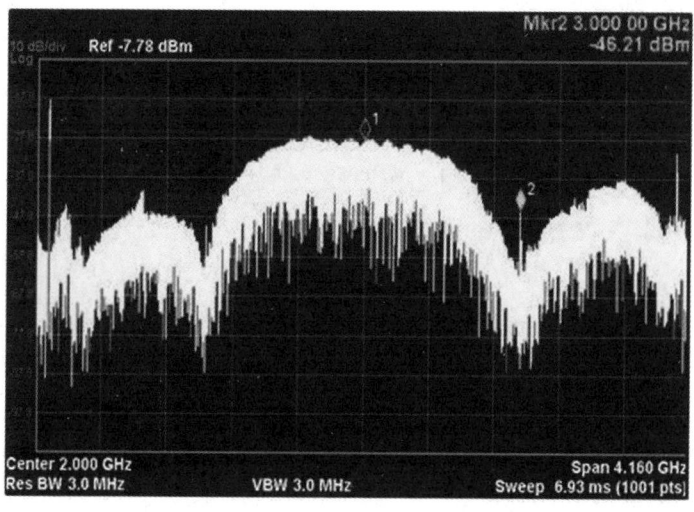

(a) 2 GHz 中频信号

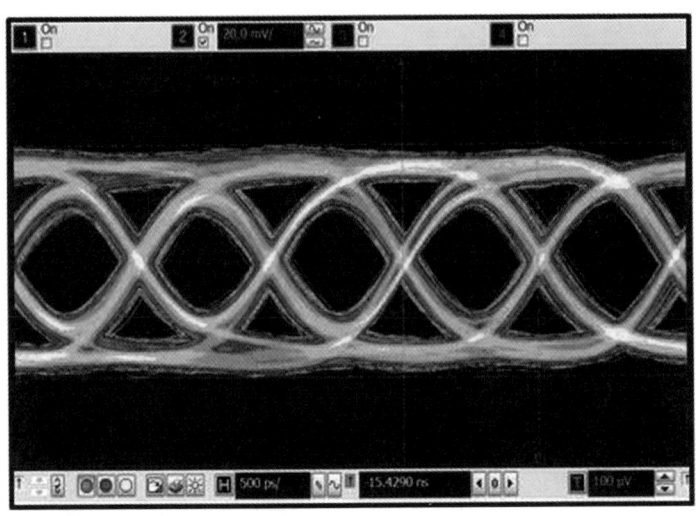

(b) 恢复至基带信号的眼图

图 5.23　变频后电信号的频谱图和眼图

另外，上述搭建的多波段变频系统具有可重构能力。通过控制单元的指令对电本振源和光调制器的参数进行重新配置，可以改变 RF 信号的幅度和两臂之间输入信号的相位差，从而达到改变产生的光频梳的梳齿数量和频率间隔的目的。OFC 中心波长可以通过调节激光器的工作波长进行控制。根据具体情况选择合适的梳齿间隔和中心波长是变频的关键，通过对二者的控制，得到不同波段的输出信号，以匹配卫星的工作波段，适应星上不同的通信任务。表 5.2 总结了不同系统参数下产生的光频梳结果。

表 5.2　系统参数改变对 OFC 的影响

梳线数量/根	调制器上臂驱动电压幅度($V_{\pi RF1}$)	调制器下臂驱动电压幅度($V_{\pi RF2}$)	直流偏置电压($V_{\pi DC}$)	平坦度/dB
3	0.71	0.23	0.69	0.97
4	0.98	0.52	0.50	1.20
5	1.52	0.60	0.54	1.29

5.4 本章小结

本章基于未来卫星激光-微波混合网络架构和卫星中继转发器的结构与功能，提出了基于 DSB-SC 方式和基于单 OFC 方式的宽带、多波束星上多频段变频方案。首先，给出了卫星微波光子转发器的结构，并分析了多频段转发单元实现的功能。其次，分别分析了两种星上变频实现的原理，以及光本振源的产生和控制方式，给出了提高 OFC 平坦度的方法。最后，通过实验验证了多频段变频和光频梳可重构的能力。实验结果表明，系统可以实现将 Ka 波段信号同时变频至多个其他卫星工作波段，基带数据误码率小于 10^{-9}，且光频梳作为混频的光本振信号可灵活配置。所设计的变频结构适用于未来卫星网络中多波段、不同频率信号星上汇聚的情况，具有高效可靠、抗干扰和应用灵活等优点。

第6章 具有移相和镜像抑制功能的可重构本振谐波混频技术研究

基于单光频梳的多频段变频方案，虽然克服了常见变频系统中只能实现一对一的单一变频和变频信号覆盖波段较少等问题，但是仍然不能够满足未来多功能一体化射频前端对混频器需同时具备混频和移相等功能的需求。因此，本章基于 PDM-DPMZM 提出了一种具有移相和镜像抑制功能的可重构本振谐波混频方案。通过调节输入 RF 信号的电压峰值和调制器的直流偏置电压，可以实现 4 种不同的本振倍频混频功能。通过调节检偏器的偏振方向与调制器任一主轴之间的角度，可以在 0～360°范围内灵活地调谐输出信号的相位，且具有平坦的幅度响应。通过与光频梳相结合，该方案可扩展为具有独立相位调谐能力的多通道多波段变频系统。此外，通过改变双通道输出信号之间的相位差，可以对其进行重构以实现 I/Q 混频、双平衡混频和镜像抑制混频。

本章后续内容如下：6.1 节设计了适用于高通量卫星转发器的可重构本振谐波混频系统结构；6.2 节提出了基于 PDM-DPMZM 的星上混频和移相方案，并搭建系统对提出的方案进行验证；6.3 节为本章总结。

◆ 6.1 可重构本振谐波混频系统结构及工作原理

6.1.1 基于 PDM-DPMZM 的可重构本振谐波混频系统结构

所提出的基于 PDM-DPMZM 的可重构本振谐波混频系统的结构如图 6.1 所示。其主要由半导体激光器、PDM-DPMZM、PC、检偏器(polarizer, Pol)、WSS、PBC、偏振分束器(PBS)、90°电混合耦合器、EDFA 和 PD 组成。由可调谐激光器发出的一束线性偏振光经过 PC1 后进入 PDM-DPMZM。PDM-DPMZM 由 1 个功分器、2个平行放置的 DPMZM、1个90°偏振旋转器和1个 PBC 组成。由于 90°偏振旋转器的作用，来自上路 DPMZM 和下路 DPMZM 输出的光信号处于正交偏振状态。该方案通过调整射频输入和偏置电压来重新配置 Y-DPMZM 以分别生成本振±1阶、±2阶、±3阶、±4阶边带和本振光频梳。同时，通过设置偏置电压使 X-DPMZM 工作在 CS-SSB 调制模式。从 PDM-DPMZM 输出的光信号被 PBS 分成2个正交的偏振态。参与变频的上分支的光本振边带由 WSS 选出。然后，来自上路和下路经放大的光信号通过 PBC 组合，以产生具有不同波长的2个正交线偏振光。通过调整 PC2，2个正交线偏振光被转换为2个正交圆偏振光。然后，光信号被50∶50的保偏耦合器分成相等的两部分。通过调节 Pol 的偏振方向与调制器的1个主轴之间的角度，在经光电探测器拍频之后可以在双通道中产生具有0～360°全范围相位调谐的2个变频信号。当上下支路的检偏器 Pol1 和 Pol2 之间的角度差存在一定关系时，可实现双平衡混频或 I/Q 混频功能。此外，在 I/Q 混频器中加入了1个90°电混合耦合器以在下变频模式下实现镜像抑制功能。

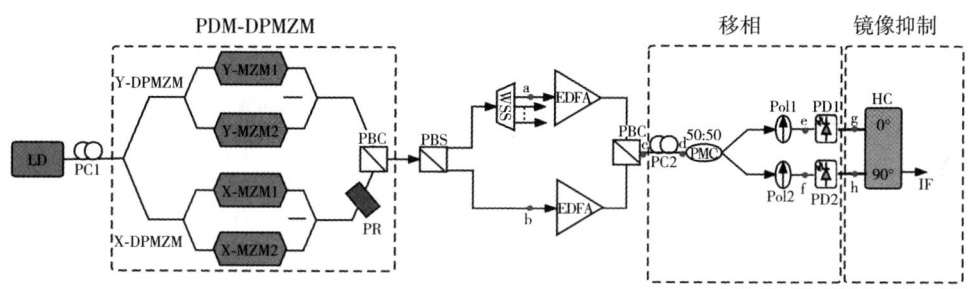

图 6.1 可重构本振谐波混频系统结构图

本方案与已有的研究方案相比具有如下优势。

其一，本方案基于单个集成电光调制器 PDM-DPMZM，同时实现了变频和相移功能。通过重构，使混频功能更加灵活，系统结构更加紧凑，减小了射频前端的体积并降低了成本。

其二，利用本振信号的各阶谐波边带实现混频功能，从而降低了变频系统对本振信号频率大小的要求。此外，通过引入光频梳的结构作为多载波光源，该方案可以扩展到多通道多波段相位可调谐的变频系统，使其可以处理不同波段的信号，以满足各种通信业务的需求。

其三，本方案利用偏振控制器控制偏振态，并通过调节检偏器的角度来实现相位调谐，而非传统方案中依赖90°光混合耦合器实现调相。当实现镜像抑制混频功能时，通过调整检偏器的角度，可以补偿90°电混合耦合器生产过程中存在的固有相位偏差，以获得更好的镜像抑制性能。

6.1.2 可重构本振谐波边带产生方案

实现本振谐波混频系统的关键是产生不同阶数的本振谐波边带。在该方案中，PDM-DPMZM 中的 Y-DPMZM 用于产生本振谐波边带。通过重构可分别只保留本振±1阶、±2阶、±3阶、±4阶谐波边带。同时，通过调整偏置电压和射频信号，X-DPMZM 被用于调制接收到的射频信号，射频信号通过90°电混合耦合器注入 X-MZM1 和 X-MZM2。因此，其工作在 CS-SSB 调制模式下，仅保留+1阶 RF 信号边带。

当实现±1阶、±2阶和±4阶、±3阶本振谐波混频时，PDM-DPMZM 的微波信号输入与直流偏置情况分别如图 6.2(a)、图 6.2(b) 和图 6.2(c) 所示。激光器的输出可以表示为 $E_{in}(t)=E_c\exp(j\omega_c t)$，其中 E_c 和 ω_c 分别为其幅度和角频率。

在 Y-DPMZM 产生±1阶 LO 谐波边带时，本振信号只注入 Y-MZM1 中。假设本振信号表示为 $V_{LO}(t)=V_{LO}\sin(\omega_{LO}t)$，$V_{LO}$ 和 ω_{LO} 分别为本振信号的幅度和角频率。$m_{LO}=\dfrac{\pi V_{LO}}{V_\pi}$ 是 Y-MZM1 中信号的调制指数，V_π 是 PDM-DPMZM 的半波电压，$\theta_n=\dfrac{\pi V_n}{V_\pi}(n=1,2,3)$ 是直流偏置电压 V_n 引入的相位变化。Y-DPMZM 的输出可以表示为

$$E_{\text{Y-DPMZM}}(t)=\dfrac{E_{in}(t)}{8}\{[\exp(jm_{LO}\sin\omega_{LO}t)+\exp(-jm_{LO}\sin\omega_{LO}t)\exp(j\theta_1)]+[1+\exp(j\theta_2)]\exp(j\theta_3)\} \qquad (6.1)$$

通过改变 Y-DPMZM 的三个偏置电压，可以得到本振信号的不同调制边带。当设置 $\theta_1=\theta_2=\theta_3=\pi$ 时，可产生±1阶本振谐波边带。在小信号调制下，等式 (6.1) 可以用贝塞尔函数展开，忽略高阶边带 ($n>3$)。因此，式 (6.1) 可扩展为

第 6 章 具有移相和镜像抑制功能的可重构本振谐波混频技术研究

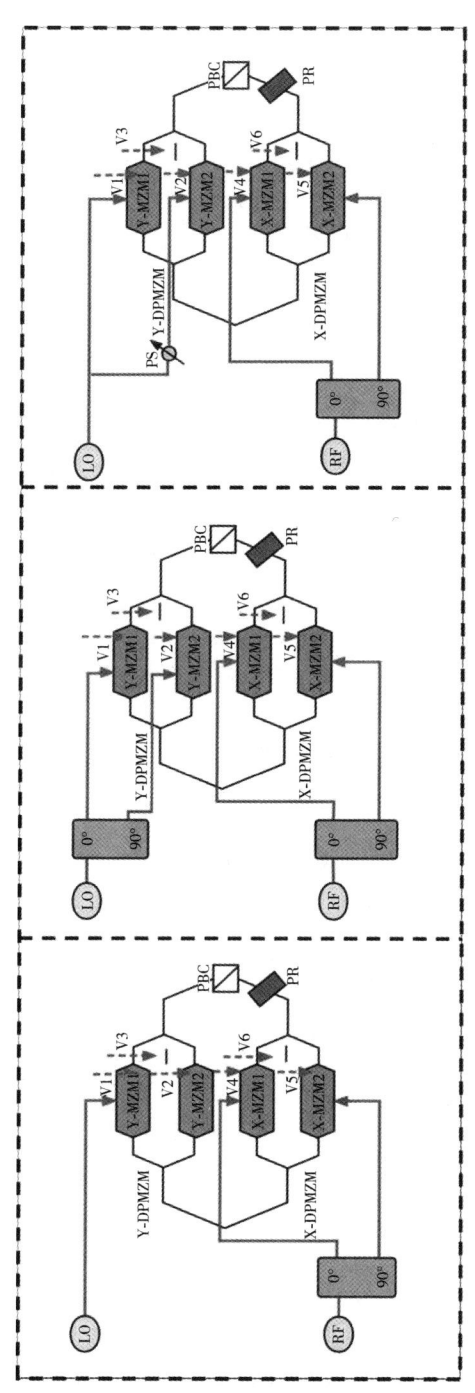

图6.2 不同本振谐波混频功能下PDM-DPMZM的射频输入和直流偏置

$$E_{\text{Y-DPMZM}}(t) = \frac{E_{\text{in}}(t)}{8} \left\{ \left[\sum_{n=-\infty}^{+\infty} J_n(m_{\text{LO}}) \exp(jn\omega_{\text{LO}}t) \right] - \left[(-1)^n \sum_{n=-\infty}^{+\infty} J_n(m_{\text{LO}}) \exp(jn\omega_{\text{LO}}t) \right] \right\}$$

$$= \frac{E_{\text{in}}(t)}{4} \left[\sum_{n=-\infty}^{+\infty} J_{2n+1}(m_{\text{LO}}) \exp(j(2n+1)\omega_{\text{LO}}t) \right]$$

$$\approx \frac{E_{\text{in}}(t)}{4} [J_1(m_{\text{LO}}) \exp(j\omega_{\text{LO}}t) + J_{-1}(m_{\text{LO}}) \exp(-j\omega_{\text{LO}}t)] \quad (6.2)$$

式中，J_n 为第一类 n 阶贝塞尔函数。

当 Y-DPMZM 产生 ±2 阶本振谐波边带时，本振信号通过 90°电混合耦合器分别注入 Y-MZM1 和 Y-MZM2。假设本振信号表示为 $V_{\text{LO}}(t) = V_{\text{LO}}\sin(\omega_{\text{LO}}t)$，则输入 Y-MZM1 和 Y-MZM2 的本振信号分别为 $V_{\text{LO}}\sin(\omega_{\text{LO}}t)$ 和 $V_{\text{LO}}\sin\left(\omega_{\text{LO}}t + \frac{\pi}{2}\right)$。Y-DPMZM 的输出可以表示为

$$E_{\text{Y-DPMZM}}(t) = \frac{E_{\text{in}}(t)}{8} \left\{ [\exp(jm_{\text{LO}}\sin\omega_{\text{LO}}t) + \exp(-jm_{\text{LO}}\sin\omega_{\text{LO}}t)\exp(j\theta_1)] + \left[\exp\left(jm_{\text{LO}}\sin\left(\omega_{\text{LO}}t+\frac{\pi}{2}\right)\right) + \exp\left(-jm_{\text{LO}}\sin\left(\omega_{\text{LO}}t+\frac{\pi}{2}\right)\right)\exp(j\theta_2)\right]\exp(j\theta_3) \right\}$$

$$(6.3)$$

当设置 $\theta_1 = \theta_2 = 0$，$\theta_3 = \pi$ 时，可产生 ±2 阶本振谐波边带。式(6.3)用贝塞尔函数可扩展为

$$E_{\text{Y-DPMZM}}(t) = \frac{E_{\text{in}}(t)}{4} \left\{ \left[\sum_{n=-\infty}^{+\infty} J_{2n}(m_{\text{LO}}) \exp(j2n\omega_{\text{LO}}t) \right] - \left[\sum_{n=-\infty}^{+\infty} J_{2n}(m_{\text{LO}}) \exp(j2n\omega_{\text{LO}}t) \exp(jn\pi) \right] \right\}$$

$$\approx \frac{E_{\text{in}}(t)}{2} \{ [J_2(m_{\text{LO}}) \exp(j2\omega_{\text{LO}}t) + J_{-2}(m_{\text{LO}}) \exp(-j2\omega_{\text{LO}}t)] \}$$

$$(6.4)$$

由式(6.4)可知，Y-DPMZM 输出的功率分量中仅有 ±2 阶本振谐波边带被保留，其余边带均被抑制。

当 Y-DPMZM 产生 ±3 阶本振谐波边带时，其中一路本振信号直接注入 Y-

MZM1，另一路本振信号先经过一个电移相器进行移相再注入 Y-MZM2 中。假设本振信号表示为 $V_{LO}(t) = V_{LO}\sin(\omega_{LO}t)$，则输入 Y-MZM1 和 Y-MZM2 的本振信号分别为 $V_{LO}\sin(\omega_{LO}t)$ 和 $V_{LO}\sin(\omega_{LO}t+\varphi)$，Y-DPMZM 的输出可以表示为

$$E_{\text{Y-DPMZM}}(t) = \frac{E_{in}(t)}{8}\left\{\left[\exp(jm_{LO}\sin\omega_{LO}t) + \exp(-jm_{LO}\sin\omega_{LO}t)\exp(j\theta_1)\right] + \right.$$

$$\left.\left[\exp(jm_{LO}\sin(\omega_{LO}t+\varphi)) + \exp(-jm_{LO}\sin(\omega_{LO}t+\varphi))\exp(j\theta_2)\right]\exp(j\theta_3)\right\}$$

(6.5)

当设置 $\theta_1 = \theta_2 = \pi$，$\theta_3 = 0$ 时，可产生±3 阶本振谐波边带。式(6.5)用贝塞尔函数可扩展为

$$E_{\text{Y-DPMZM}}(t) = \frac{E_{in}(t)}{4}\left\{\left[\sum_{n=-\infty}^{+\infty}J_{2n+1}(m_{LO})\exp(j(2n+1)\omega_{LO}t)\right] + \right.$$

$$\left.\left[\sum_{n=-\infty}^{+\infty}J_{2n+1}(m_{LO})\exp(j(2n+1)\omega_{LO}t)\exp(j(2n+1)\varphi)\right]\right\} \quad (6.6)$$

当满足 $J_1(m_{LO}) = 0$，$1+\exp(\pm j5\varphi) = 0$ 时，±1 阶和±5 阶本振谐波边带被抑制。经过计算，当 $m_{LO} = 3.868$，$\varphi = 36°$ 时满足以上等式，只保留了±3 阶本振谐波边带，其余边带被抑制。

当使用±4 阶本振谐波边带进行混频时，输入 PDM-DPMZM 中的射频信号和本振信号类似于±2 阶本振谐波边带模式，在此将不再进行详细讨论。当满足 $J_0(m_{LO}) = 0$，$J_2(m_{LO})(1+\exp(\pm j2\varphi)) = 0$ 时，载波和±2 阶本振谐波边带被抑制，仅保留±4 阶本振谐波边带。经过计算，当 $m_{LO} = 2.405$，$\varphi = 90°$ 时，以上等式成立。此外，如果 Y-DPMZM 用于生成平坦本振光频梳，该方案可扩展为多通道多波段多功能变频移相系统。通过重构 Y-DPMZM 以产生不同类型的本振谐波边带，可满足不同变频需求，扩大了应用范围。

6.1.3 移相和镜像抑制功能实现方案

上述四种结构均能产生变频移相信号，并具有可重构混频功能。以下利用产生的±2 阶本振谐波边带对以上具备的功能进行推导。

Y-DPMZM 在 Y 偏振方向上产生±2 阶本振谐波边带，而+2 阶本振谐波边带由 WSS 选出。输出信号可以表示为

$$E_{\text{out-a}}(t) = \frac{E_{\text{in}}(t)}{2} J_2(m_{\text{LO}}) \exp(j2\omega_{\text{LO}}t) \tag{6.7}$$

X-DPMZM 仅在 X 偏振方向上产生±1 阶 RF 信号边带，b 点的输出可以表示为

$$E_{\text{out-b}}(t) = \frac{E_{\text{in}}(t)}{2} J_1(m_{\text{RF}}) \exp(j\omega_{\text{RF}}t) \tag{6.8}$$

经过 PBC 后输出信号可表示为

$$E_{\text{out-c}}(t) = \frac{E_{\text{in}}(t)}{2} J_1(m_{\text{RF}}) \exp(j\omega_{\text{RF}}t) x + \frac{E_{\text{in}}(t)}{2} J_2(m_{\text{LO}}) \exp(j2\omega_{\text{LO}}t) y \tag{6.9}$$

通过偏振控制器调节两个正交的线偏振波长，以获得正交的圆偏振波长。对于前向入射光，PC2 的传输函数可以表示为

$$F = \begin{bmatrix} \cos\theta & -\sin\theta \\ \sin\theta & \cos\theta \end{bmatrix} \begin{bmatrix} \exp\left(j\frac{\Delta}{2}\right) & 0 \\ 0 & \exp\left(-j\frac{\Delta}{2}\right) \end{bmatrix} \tag{6.10}$$

式中，θ 是 PC2 的旋转角度，Δ 是由 PC 中的双折射引入的相位差。当 $\theta=45°$，$\Delta=\frac{\pi}{2}$ 时，经 PC2 调整后 d 点的输出信号可以表示为

$$E_{\text{out-d}}(t) = \frac{\sqrt{2}}{4} E_{\text{in}}(t) \left\{ J_1(m_{\text{RF}}) \exp(j\omega_{\text{RF}}t) \left[\exp\left(j\frac{\pi}{4}\right) x' + \exp\left(-j\frac{\pi}{4}\right) y' \right] + \right.$$
$$\left. J_2(m_{\text{LO}}) \exp(j2\omega_{\text{LO}}t) \left[-\exp\left(j\frac{\pi}{4}\right) x' + \exp\left(-j\frac{\pi}{4}\right) y' \right] \right\} \tag{6.11}$$

然后，通过 50∶50 的保偏耦合器将光信号分成相等的两部分。通过 Pol1 和 Pol2，它们分别以角度 α_1 和 α_2 合并在同一方向上。输出信号可以表示为

$$E_{\text{out-e}}(t) = \frac{\sqrt{2}}{8} E_{\text{in}}(t) \left\{ J_1(m_{\text{RF}}) \exp\left(j\omega_{\text{RF}}t - j\frac{\pi}{4}\right) \left[\exp\left(j\frac{\pi}{2}\right) \sin\alpha_1 + \cos\alpha_1 \right] + \right.$$
$$\left. J_2(m_{\text{LO}}) \exp\left(j2\omega_{\text{LO}}t - j\frac{\pi}{4}\right) \left[-\exp\left(j\frac{\pi}{2}\right) \sin\alpha_1 + \cos\alpha_1 \right] \right\}$$
$$= \frac{\sqrt{2}}{8} E_{\text{in}}(t) \left\{ \exp\left(-j\frac{\pi}{4}\right) \left[J_1(m_{\text{RF}}) \exp(j\omega_{\text{RF}}t + j\alpha_1) + \right.\right.$$
$$\left.\left. J_2(m_{\text{LO}}) \exp(j2\omega_{\text{LO}}t - j\alpha_1) \right] \right\} \tag{6.12}$$

$$E_{\text{out-f}}(t) = \frac{\sqrt{2}}{8} E_{\text{in}}(t) \left\{ J_1(m_{\text{RF}}) \exp\left(j\omega_{\text{RF}} t - j\frac{\pi}{4}\right) \left[\exp\left(j\frac{\pi}{2}\right) \sin\alpha_2 + \cos\alpha_2 \right] + \right.$$

$$\left. J_2(m_{\text{LO}}) \exp\left(j2\omega_{\text{LO}} t - j\frac{\pi}{4}\right) \left[-\exp\left(j\frac{\pi}{2}\right) \sin\alpha_2 + \cos\alpha_2 \right] \right\}$$

$$= \frac{\sqrt{2}}{8} E_{\text{in}}(t) \left\{ \exp\left(-j\frac{\pi}{4}\right) \left[J_1(m_{\text{RF}}) \exp(j\omega_{\text{RF}} t + j\alpha_2) + \right.\right.$$

$$\left.\left. J_2(m_{\text{LO}}) \exp(j2\omega_{\text{LO}} t - j\alpha_2) \right] \right\} \quad (6.13)$$

两个移相器的输出电流的表达式为

$$I_{\text{AC1}}(t) \propto |E_{\text{in}}(t)| J_1(m_{\text{RF}}) J_2(m_{\text{LO}}) \times \cos[(\omega_{\text{RF}} - 2\omega_{\text{LO}}) t + 2\alpha_1] \quad (6.14)$$

和

$$I_{\text{AC2}}(t) \propto |E_{\text{in}}(t)| J_1(m_{\text{RF}}) J_2(m_{\text{LO}}) \times \cos[(\omega_{\text{RF}} - 2\omega_{\text{LO}}) t + 2\alpha_2] \quad (6.15)$$

从式(6.14)和式(6.15)可以看出,在双通道中实现了本振倍频下变频移相信号的产生。通过简单地控制 Pol 与 PDM-DPMZM 一个主轴之间的角度,可以独立和连续地调谐两个生成的 IF 信号的相位。当满足条件 $\alpha_1 - \alpha_2 = 45°$ 或 $\alpha_1 - \alpha_2 = 90°$ 时,可以分别单独实现 I/Q 混频功能或双平衡混频功能。在考虑镜像信号的情况下,PC2 之前的信号可以表示为

$$E_{\text{out-c}}(t) = \frac{E_{\text{in}}(t)}{2} [J_1(m_{\text{RF}}) \exp(j\omega_{\text{RF}} t) + J_1(m_{\text{IM}}) \exp(j\omega_{\text{IM}} t)] x +$$

$$\frac{E_{\text{in}}(t)}{2} J_2(m_{\text{LO}}) \exp(j2\omega_{\text{LO}} t) y \quad (6.16)$$

经过 PD1,PD2 光电转换之后,双通道输出可以表示为

$$I_{\text{AC1}}(t) \propto |E_{\text{in}}(t)| \{ J_1(m_{\text{RF}}) J_2(m_{\text{LO}}) \times \cos[(\omega_{\text{RF}} - 2\omega_{\text{LO}}) t + 2\alpha_1] +$$

$$J_1(m_{\text{IM}}) J_2(m_{\text{LO}}) \times \cos[(2\omega_{\text{LO}} - \omega_{\text{IM}}) t - 2\alpha_1] \} \quad (6.17)$$

和

$$I_{\text{AC2}}(t) \propto |E_{\text{in}}(t)| \{ J_1(m_{\text{RF}}) J_2(m_{\text{LO}}) \times \cos[(\omega_{\text{RF}} - 2\omega_{\text{LO}}) t + 2\alpha_2] +$$

$$J_1(m_{\text{IM}}) J_2(m_{\text{LO}}) \times \cos[(2\omega_{\text{LO}} - \omega_{\text{IM}}) t - 2\alpha_2] \} \quad (6.18)$$

如果将角度设置为 $\alpha_1 = 45°$ 和 $\alpha_2 = 0°$,并且光电探测器输出的两个信号通过一个 90°电混合耦合器耦合,则输出信号可以表示为

$$I_{\text{IF}}(t) \propto 2\mid E_{\text{in}}(t)\mid J_1(m_{\text{RF}})J_2(m_{\text{LO}})\times\cos\left((\omega_{\text{RF}}-2\omega_{\text{LO}})t+\frac{\pi}{2}\right) \quad (6.19)$$

结果表明,由射频信号得到的 IF 信号的强度增强了,而由镜像信号得到的 IF 信号则被完全抵消。同时,90°电混合耦合器固有的相位偏差可以通过调整角度 α_1 和 α_2 之差来补偿,以实现更好的镜像抑制性能。类似的,当 WSS 选出-2 阶本振谐波边带时,该系统可以实现本振倍频的上变频移相信号的产生。WSS 的引入使系统具有更好的可重构性、灵活性,可适用于多种应用场景。

6.2 结果与分析

6.2.1 参数设置

为了验证所提出的具有移相和镜像抑制功能的可重构本振谐波混频方案的可行性,根据图 6.3 所示的结构进行仿真验证。

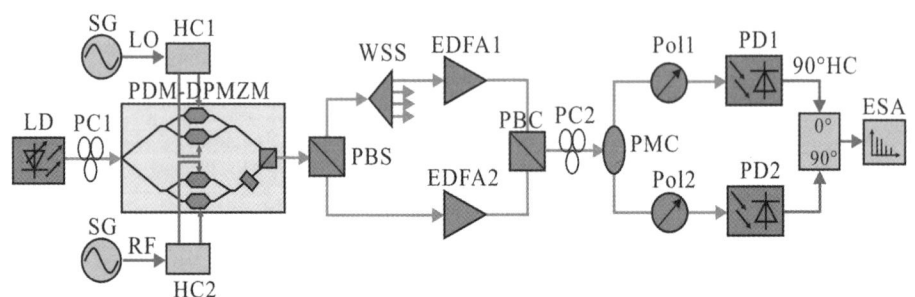

图 6.3 可重构本振谐波混频系统装置图

将可调谐激光器发射出的光载波中心频率和功率分别设置为 193.1 THz 和 15 dBm。该系统的主要器件为半波电压为 3.5 V 的 PDM-DPMZM,其中 Y-DPMZM 用于在 Y 偏振方向上生成各阶本振谐波边带或平坦本振光频梳,而 X-DPMZM 在 X 偏振方向上以 CS-SSB 调制模式工作用于加载接收到的射频信号。在小信号调制模式下,X-DPMZM 仅输出+1 阶光边带或-1 阶光边带。

从 PDM-DPMZM 输出的信号被 PBS 分成两个具有正交偏振方向的信号。在 Y 偏振方向上，通过 WSS 选择出所需的本振谐波边带，然后通过 PBC 与 X 偏振方向上的信号合成得到一对正交的线偏振光。通过调整偏振控制器，正交线偏振光被转换成正交圆偏振光，然后由 50∶50 的保偏耦合器分成两个功率大小完全相同的光信号。通过控制 Pol 与 PDM-DPMZM 的一个主轴之间的角度，所产生的变频信号的相位可以被独立和连续地调谐。所设计的可重构本振谐波混频系统在实现不同重构功能时，PDM-DPMZM 对应的射频输入和直流偏置的情况如图 6.2 所示，相应的参数设置如表 6.1 所列。

表 6.1　不同条件下射频信号输入和直流偏置的值

Y-DPMZM 的输出	ω_{RF}/GHz	ω_{LO}/GHz	V_{LO}	V_1	V_2	V_3	V_{RF}	V_4	V_5	V_6
±1 阶本振谐波边带	8	5	0.700	3.500	3.500	3.500	0.500	3.500	3.500	−1.750
±2 阶本振谐波边带	18	5	2.900	0	0	3.500	0.500	3.500	3.500	−1.750
±3 阶本振谐波边带	28	5	4.311	3.500	3.500	0	0.500	3.500	3.500	−1.750
±4 阶本振谐波边带	38	5	2.681	0	0	0	0.500	3.500	3.500	−1.750
5 线本振光频梳	6	5	0.925	0.455	−1.050	−2.800	0.500	3.500	3.500	−1.750
7 线本振光频梳	6	5	3.395	2.205	3.220	2.555	0.500	3.500	3.500	−1.750

6.2.2　本振谐波混频及多频段变频

首先，基于本书提出的可重构本振(local oscillation，LO)谐波混频方案，建立了一个仿真系统，对可重构本振谐波混频方案的变频能力进行测试，并验证基于 WSS 的混频系统的可重构性。

当可重构本振谐波混频系统实现 LO 一倍频和 LO 二倍频混频功能时，其对应输出的光谱图和电谱图如图 6.4 所示。从图 6.4(a)至图 6.4(f)可以看出，通过可重构本振谐波混频过程获得的光谱具有较高的光杂散抑制比(optical spurious suppression ratio，OSSR)，并且所产生的变频信号对应的电谱也具有较高的杂散抑制比(spurious suppression ratio，SSR)。

如图 6.4(a)所示，在 LO 一倍频混频过程中，输出的光谱在 X 偏振方向上的 OSSR 为 47.9 dB，在 Y 偏振方向上的 OSSR 为 41.4 dB。假设将 RF 信号和 LO 信号的频率分别设置为 8 GHz(X 波段)和 5 GHz(C 波段)，则经过 LO 一倍频混频后，得到的下变频信号和上变频信号对应的电谱图分别如图 6.4(c) 和图 6.4(e) 所示，均具有较高的 SSR。其中，得到的 LO 一倍频下变频信号的频率为 3 GHz(S 波段)，所产生的电谱对应的 SSR 为 44.2 dB。同时，得到的 LO 一倍频上变频信号的频率为 13 GHz(Ku 波段)，所产生的电谱对应的 SSR 为 43.1 dB。

如图 6.4(b) 所示，在 LO 二倍频混频过程中，在 X 偏振方向上的 OSSR 为 47.4 dB，在 Y 偏振方向上的 OSSR 为 51.9 dB。假设 RF 信号和 LO 信号的频率分别为 18 GHz(K 波段)和 5 GHz(C 波段)，则经过 LO 二倍频混频后，得到的下变频信号和上变频信号对应的电谱图分别如图 6.4(d) 和 6.4(f) 所示。其中，LO 二倍频下变频信号的频率为 8 GHz(X 波段)，产生的电谱中 SSR 为 47.1 dB。同时，LO 二倍频上变频信号的频率为 28 GHz(Ka 波段)，其 SSR 为 46.6 dB。

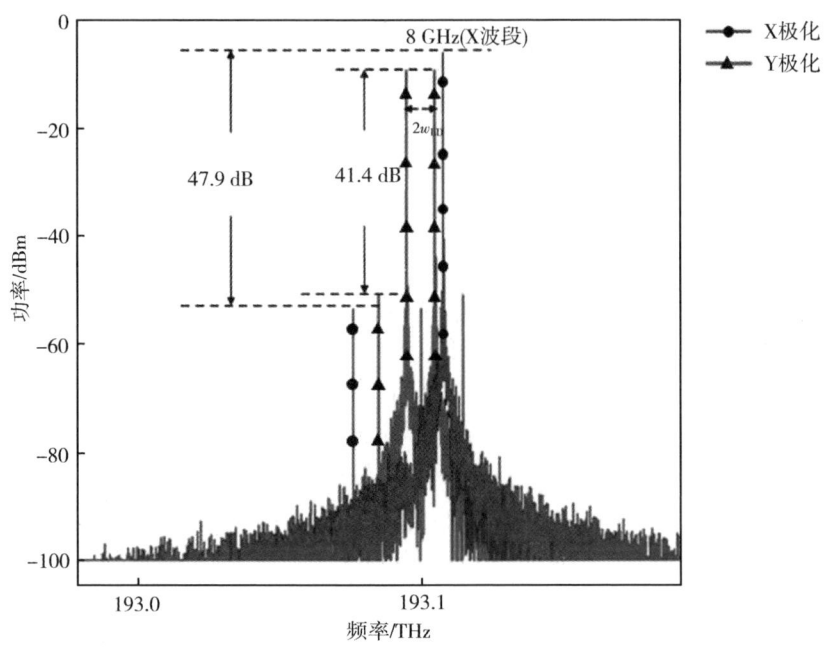

(a) X 与 Y 偏振方向光谱图(±1 阶本振)

第6章 具有移相和镜像抑制功能的可重构本振谐波混频技术研究

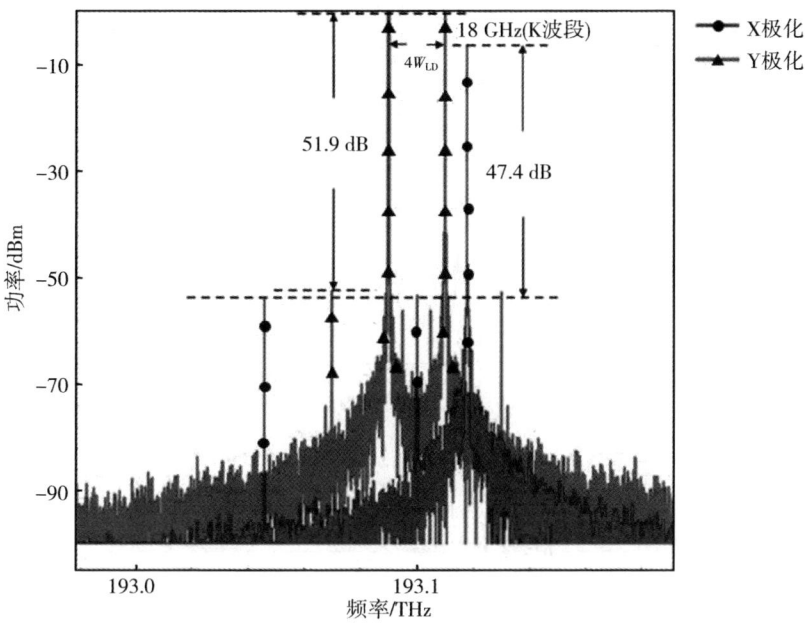

(b) X 与 Y 偏振方向光谱图(±2 阶本振)

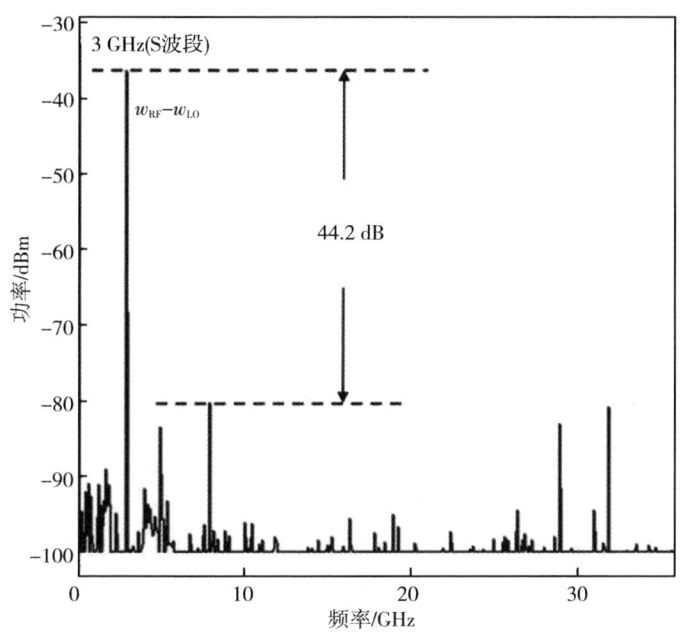

(c) 下变频信号频谱图(±1 阶本振)

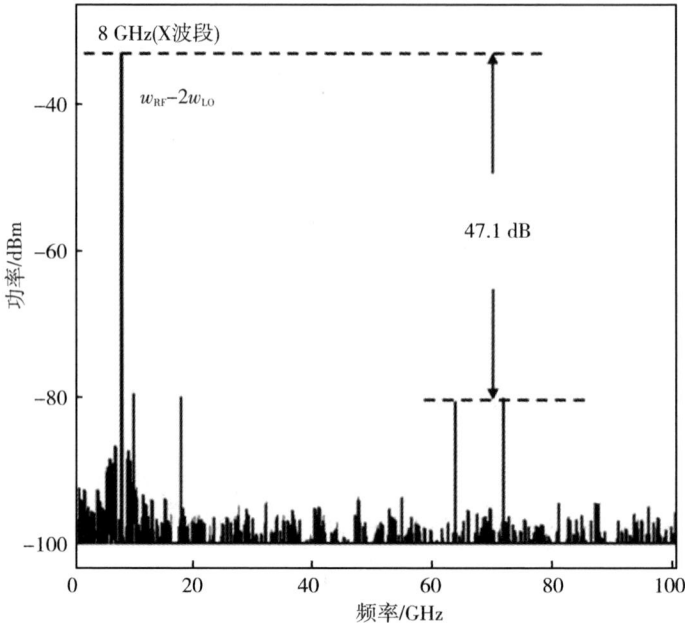

(d)下变频信号频谱图(±2阶本振)

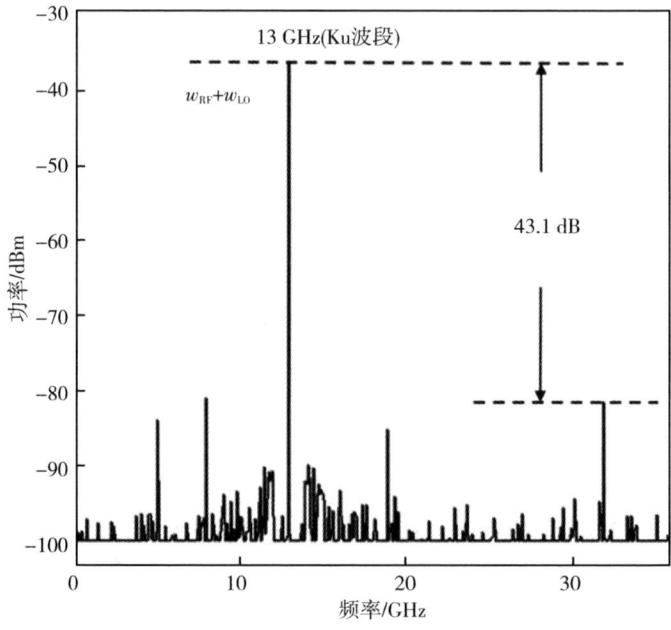

(e)上变频信号频谱图(±1阶本振)

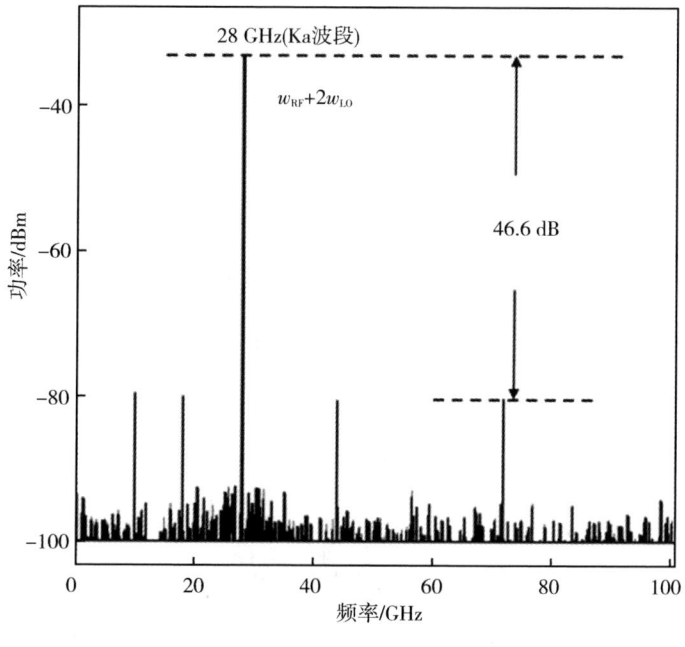

(f)上变频信号频谱图(±2 阶本振)

图 6.4 不同本振谐波条件下 PDM-DPMZM 输出端的光谱和 PD 输出端的电谱

当系统实现 LO 三倍频和 LO 四倍频混频功能时,其对应输出的光谱图和电谱图如图 6.5 所示。如图 6.5(a)所示,在 LO 三倍频混频过程中,在 X 偏振方向上的 OSSR 为 47.6 dB,在 Y 偏振方向上的 OSSR 为 24.73 dB。假设 RF 信号和 LO 信号的频率分别为 28 GHz(Ka 波段)和 5 GHz(C 波段),则经过 LO 三倍频混频后,得到的下变频信号和上变频信号对应的电谱图分别如图 6.5(c)和图 6.5(e)所示。其中,得到的 LO 三倍频下变频信号的频率为 13 GHz(Ku 波段),所产生变频信号电谱的 SSR 为 47.8 dB。同时,得到的 LO 三倍频上变频信号的频率为 43 GHz(Q 波段),其 SSR 为 47.2 dB。

如图 6.5(b)所示,在 LO 四倍频混频过程中,在 X 偏振方向上的 OSSR 为 47.4 dB,在 Y 偏振方向上的 OSSR 为 37.9 dB。假设 RF 信号和 LO 信号的频率分别为 38 GHz(Ka 波段)和 5 GHz(C 波段),则经过 LO 四倍频混频后,得到的下变频信号和上变频信号对应的电谱图分别如图 6.5(d)和图 6.5(f)所示。其中,LO 四倍频下变频信号的频率为 18 GHz(K 波段),所产生的变频信号电谱的 SSR 为 39.4 dB。同时,LO 四倍频上变频信号的频率为 58 GHz(V 波段),其 SSR 为 39.4 dB。在一些特殊情况下,如果接收到的射频信号需要被转换到跨越频率范围很大的信号,可以选择高阶方案,如±4阶LO谐波混频方案。因此,其很大程度上降低了对LO信号频率大小的要求,同时可以满足各种不同通信业务的需求。

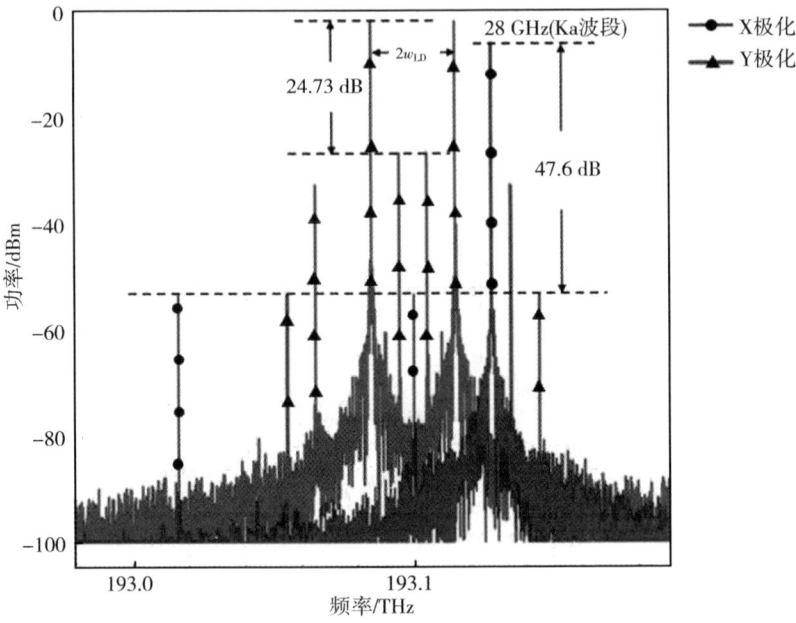

(a)X与Y偏振方向光谱图(±3阶本振)

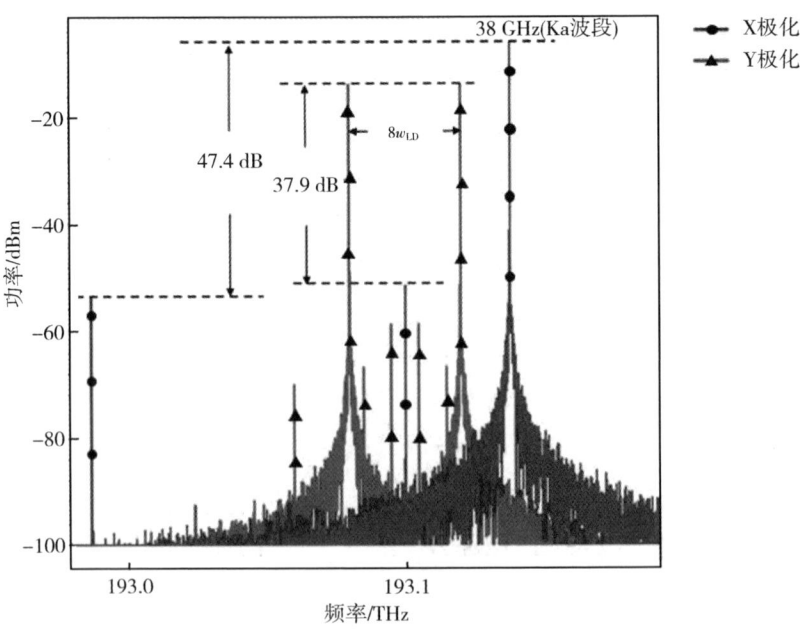

(b)X与Y偏振方向光谱图(±4阶本振)

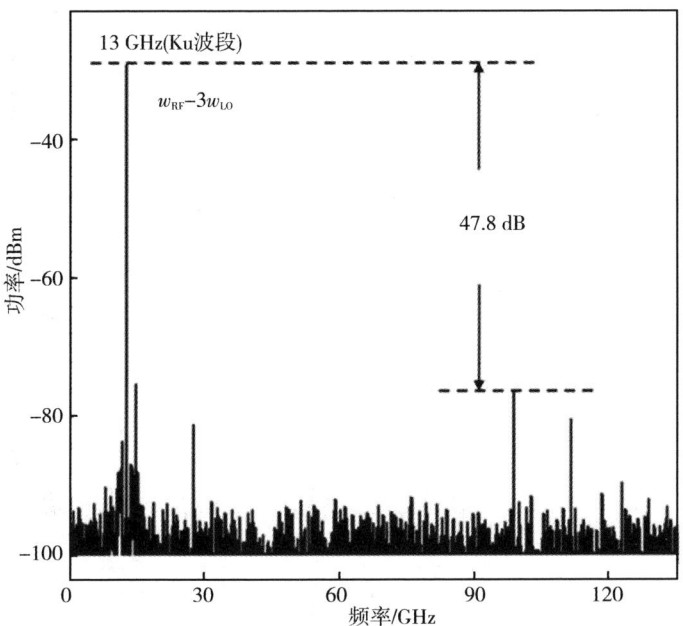

(c) 下变频信号频谱图(±3 阶本振)

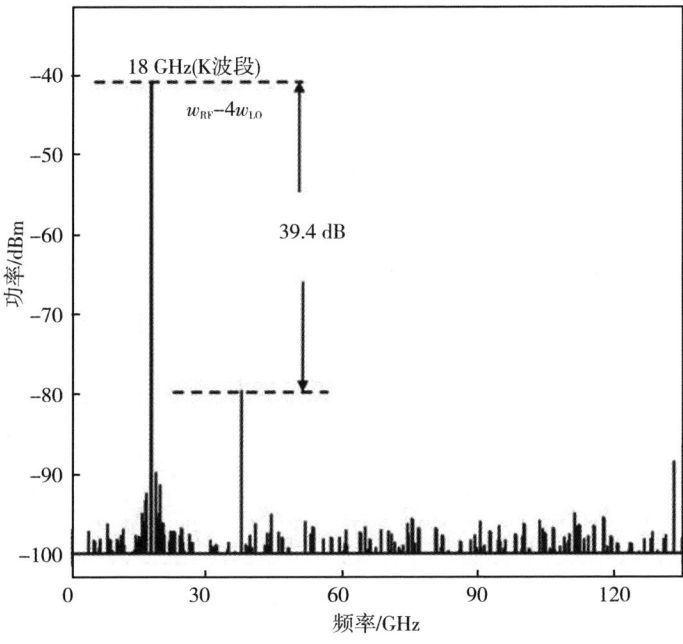

(d) 下变频信号频谱图(±4 阶本振)

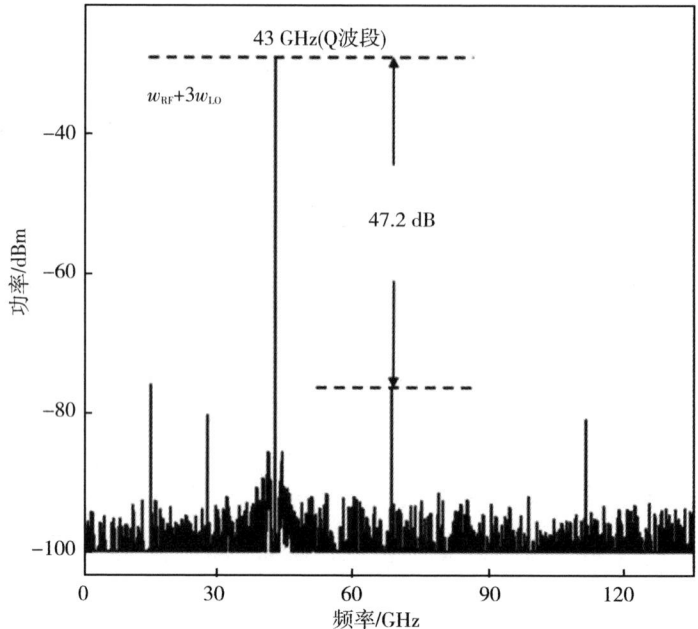

（e）上变频信号频谱图（±3 阶本振）

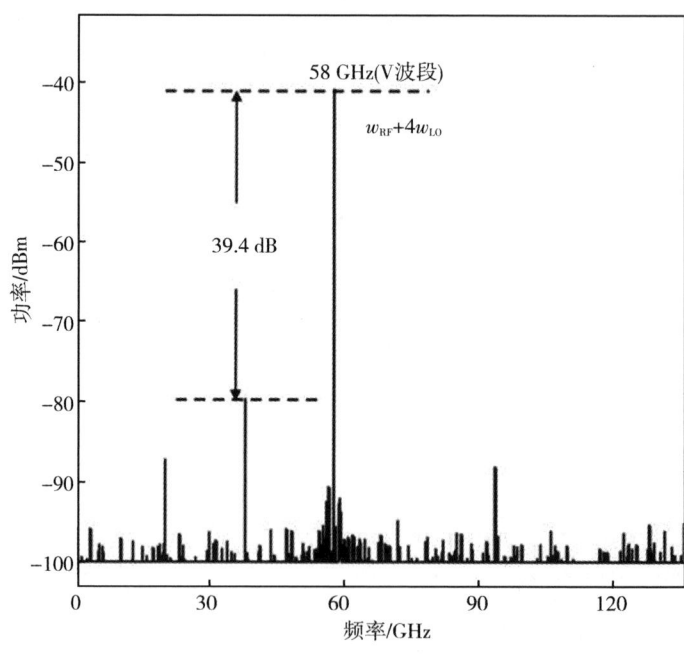

（f）上变频信号频谱图（±4 阶本振）

图 6.5　不同本振谐波条件下 PDM-DPMZM 输出端的光谱图和 PD 输出端的电谱图

第6章 具有移相和镜像抑制功能的可重构本振谐波混频技术研究

在微波光子多频段变频应用中，通过设置子调制器 Y-DPMZM 的直流偏置电压及本振源的电压峰值，子调制器 Y-DPMZM 可产生 5 线或 7 线梳齿间距可灵活调谐的平坦本振光频梳。当子调制器 Y-DPMZM 产生 5 线平坦本振光频梳时，PDM-DPMZM 的输出光谱如图 6.6(a) 所示，其在 X 偏振方向上的 OSSR 为 47.6 dB，在 Y 偏振方向上的 OSSR 为 33.4 dB。当子调制器 Y-DPMZM 产生 7 线平坦本振光频梳时，PDM-DPMZM 的输出光谱如图 6.6(b) 所示，在 X 偏振方向上的 OSSR 为 47.5 dB，在 Y 偏振方向上的 OSSR 为 10.9 dB。

假设 RF 信号和 LO 信号的频率分别为 6 GHz（C 波段）和 5 GHz（C 波段）。当 5 线本振光频梳的 ±2 阶谐波边带和 7 线本振光频梳的 ±3 阶谐波边带分别由 WSS 选出并用于参与变频时，PD 输出的变频信号所对应的电谱如图 6.6(c) 至图 6.6(f) 所示。

当 5 线本振光频梳的 +2 阶谐波边带参与变频时，得到的下变频信号为 4 GHz（C 波段），其对应的 SSR 为 32.2 dB。当 5 线本振光频梳的 −2 阶谐波边带参与变频时，得到的上变频信号为 16 GHz（Ku 波段），其对应的 SSR 为 32.2 dB。

当 7 线本振光频梳的 +3 阶谐波边带参与变频时，得到的上变频信号为 9 GHz（X 波段），其对应的 SSR 为 42.4 dB。当 7 线本振光频梳的 −3 阶谐波边带参与变频时，得到的上变频信号为 21 GHz（K 波段），其对应的 SSR 为 42.2 dB。在实际应用中，WSS 可根据需求选择出光频梳的不同谐波边带参与变频，以产生不同频段的变频信号，从而满足不同的通信业务需求。

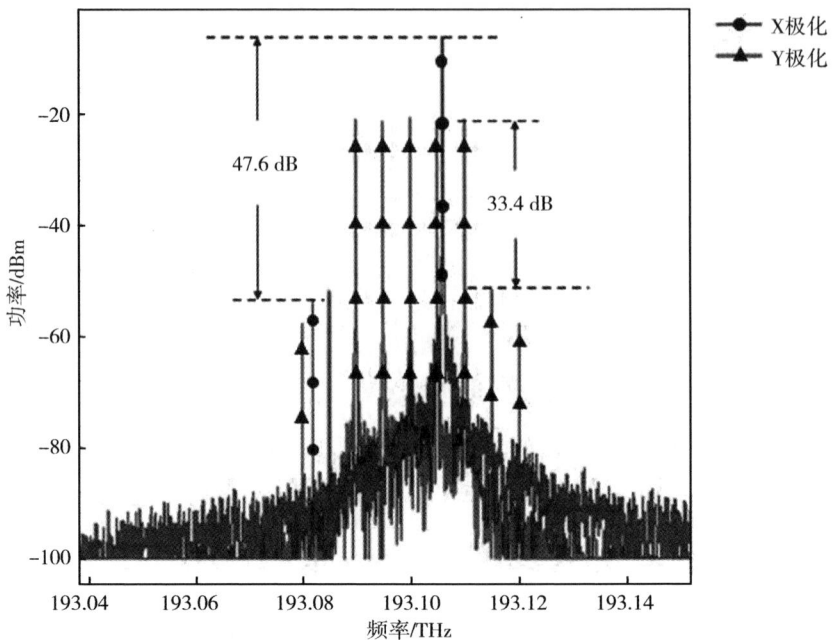

(a) 5 线本振光频梳

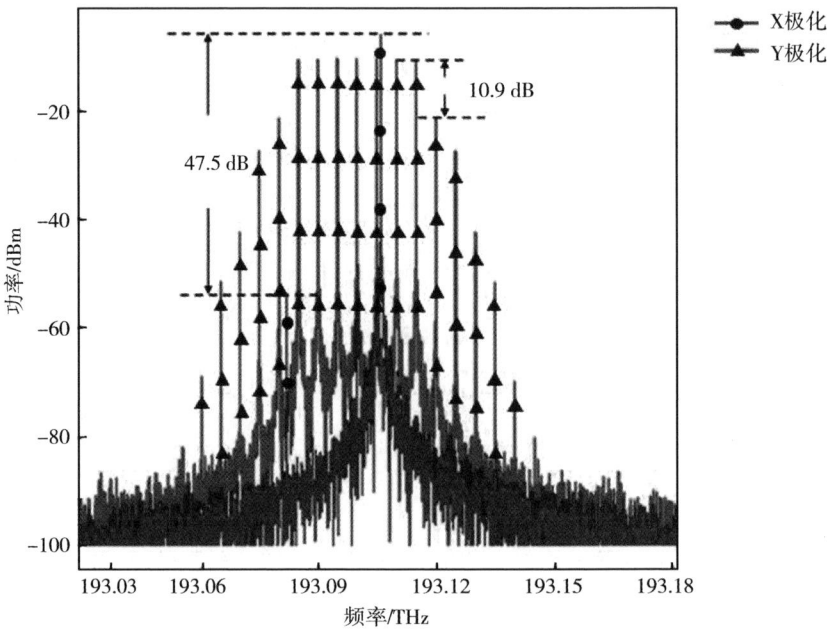

(b) 7 线本振光频梳

第6章 具有移相和镜像抑制功能的可重构本振谐波混频技术研究

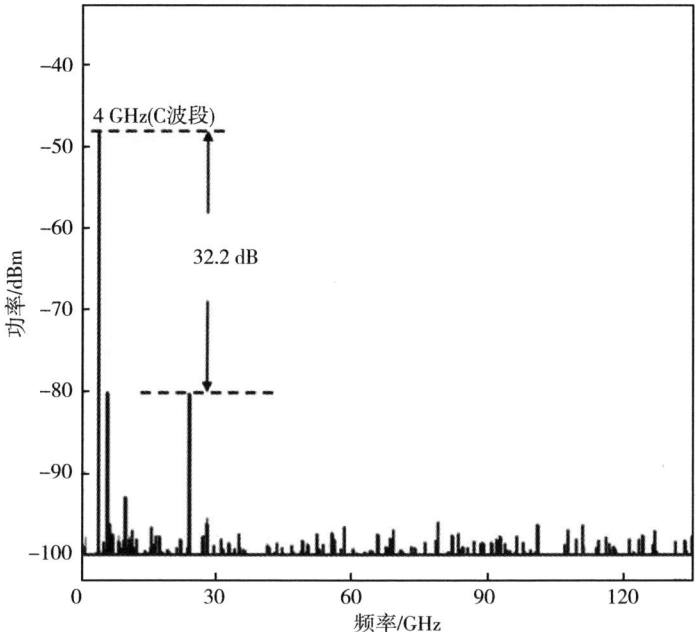

(c) 下变频信号频谱图(5 线 OFC)

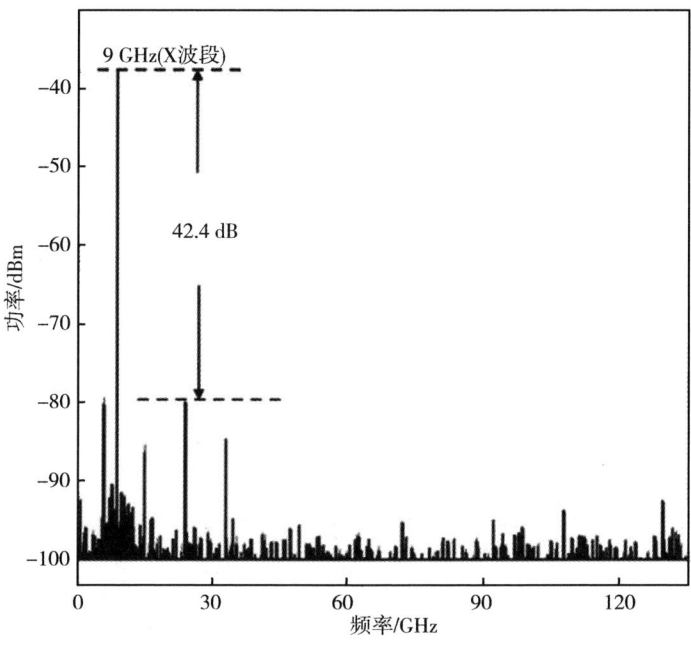

(d) 下变频信号频谱图(7 线 OFC)

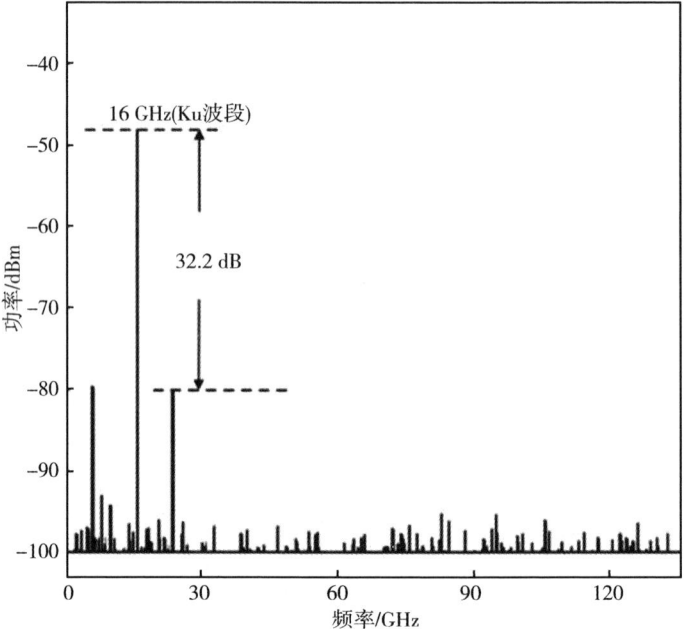

(e)上变频信号频谱图(5线 OFC)

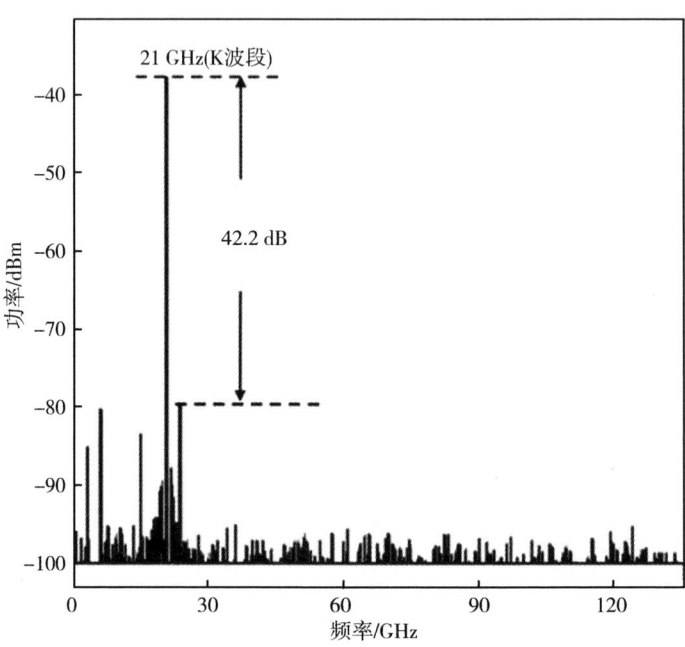

(f)上变频信号频谱图(7线 OFC)

图 6.6　PDM-DPMZM 输出的光谱与 PD 输出的电频谱图

为了验证可重构本振谐波混频系统上/下变频时的宽带调谐能力，以二阶本振谐波混频为例，将RF/IF信号的频率范围从21 GHz调谐到30 GHz，步长为1 GHz。取频率为5 GHz的LO信号，可分别实现31 GHz至40 GHz频率范围的上变频和11 GHz至20 GHz频率范围的下变频，如图6.7(a)和图6.7(b)所示。由图6.7可知，在LO二倍频上变频模式时，混频杂散被抑制了46.87 dB；在LO二倍频下变频模式时，混频杂散被抑制了49.78 dB。两种情况均具有较高的杂散抑制比。

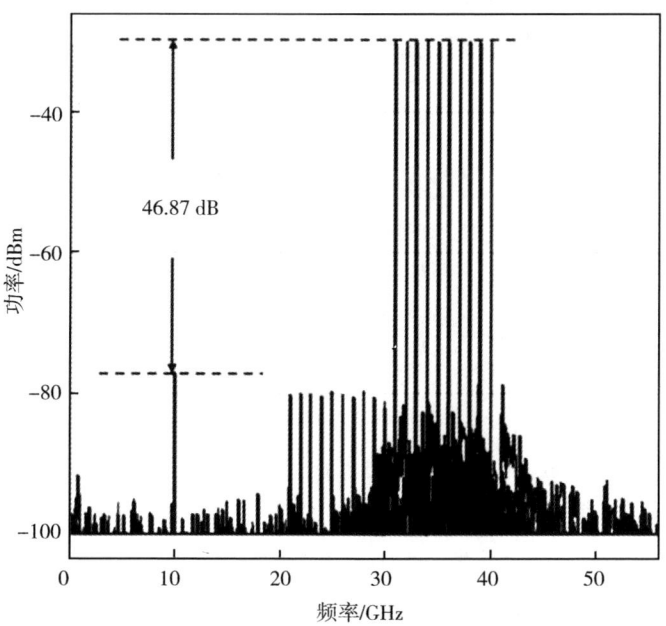

(a)31 GHz至40 GHz的上变频信号

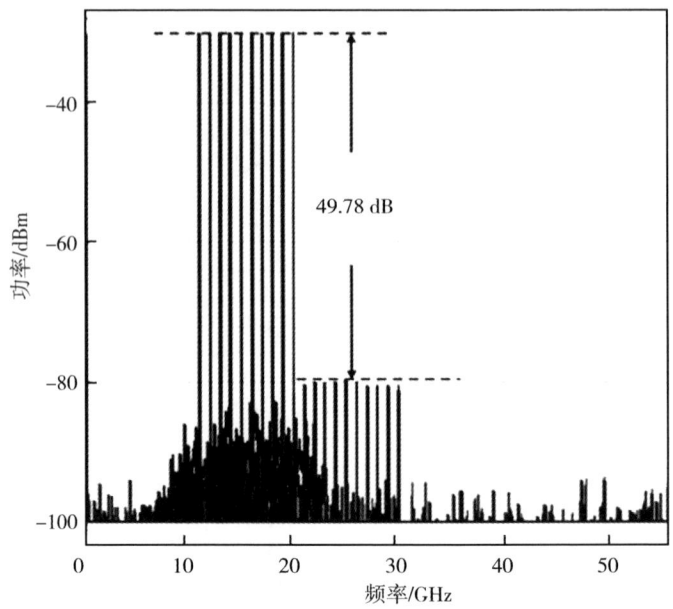

(b) 11 GHz 至 20 GHz 的下变频信号

图 6.7 二阶本振谐波混频系统输出的电谱图

为了验证本振二阶谐波混频系统输出信号的质量，本书分析了系统的变频增益(conversion gain, CG)和噪声系数(noise figure, NF)。LO 信号的功率设置为 19.25 dBm，将 RF/IF 信号的频率以 1 GHz 的步长从 21 GHz 调谐到 30 GHz，并且 LO 信号的频率相应地以步长 0.5 GHz 从 9 GHz 调整到 13.5 GHz，以使 IF 信号的频率在下变频中固定在 3 GHz；或使 LO 信号的频率以步长 0.5 GHz 从 9.5 GHz 调谐到 5 GHz，以使输出 RF 信号频率在上变频时固定在 40 GHz。不同 RF/IF 信号的频率对应的变频增益如图 6.8(a)所示。可以看出，变频增益约为 -34 dB，在 21 GHz 至 30 GHz 的频率范围内波动约为 0.4 dB。为了测量噪声系数，将 RF/IF 信号的频率和 LO 信号的频率分别设置为 18 GHz 和 5 GHz。当 LO 信号的功率调谐范围为 6 dBm 至 18 dBm 时，得到的噪声系数如图 6.8(b)所示。可以看出，随着 LO 信号功率的增大，变频系统的噪声系数在减小，当 LO 信号的功率增大到 18 dBm 时，变频系统的噪声系数约为 40 dB。

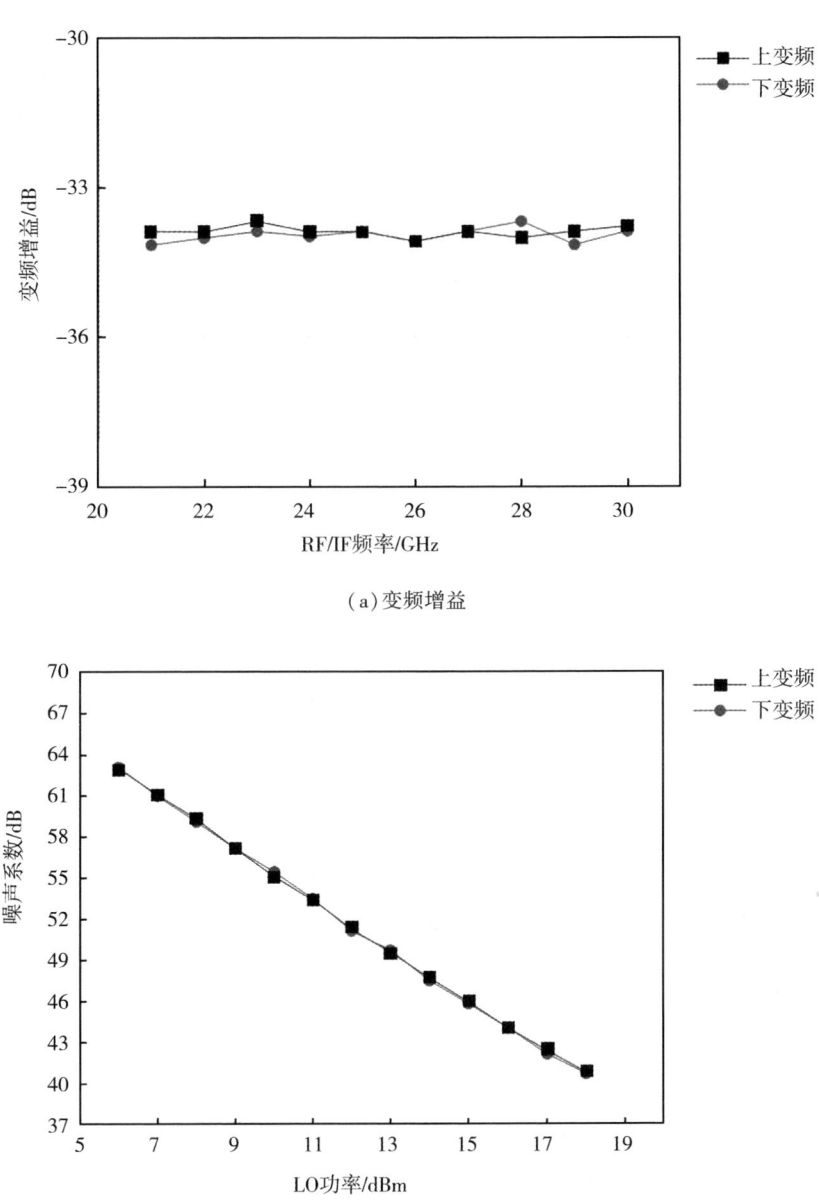

(a) 变频增益

(b) 噪声系数

图 6.8 二阶本振谐波混频系统的性能参数

6.2.3 0~360°相位调谐

为了证明所生成的变频信号具有360°相位调谐能力,本书以本振二倍频混频情况为例进行验证。仅通过控制检偏器与PDM-DPMZM任一主轴之间的角度，实现对所生成变频信号相位的独立和连续调谐。验证过程中，分别测量了本振二倍频上变频和本振二倍频下变频实现360°相位调谐时对应的波形图，结果如图6.9(a)和图6.9(b)所示。验证结果表明，随着相位变化，两种情况下的波形对应的幅度波动均较小，性能稳定。

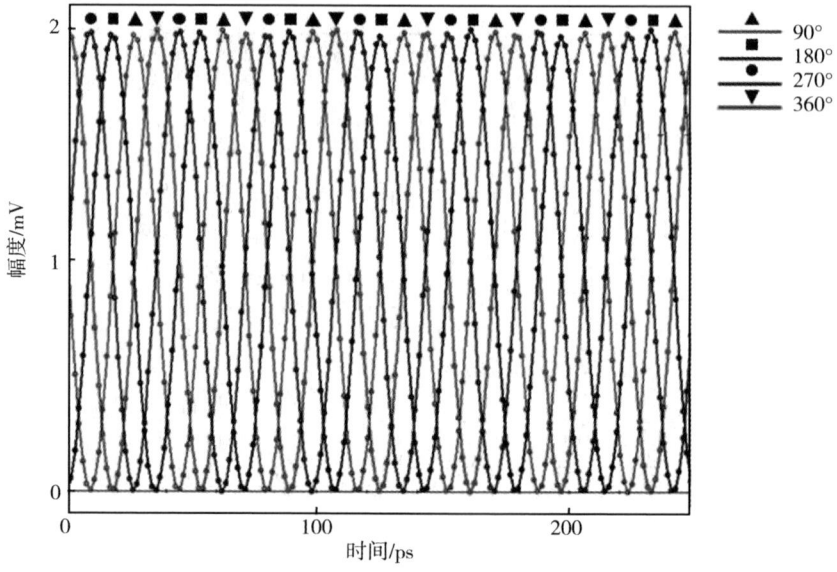

(a)上变频信号(28 GHz)

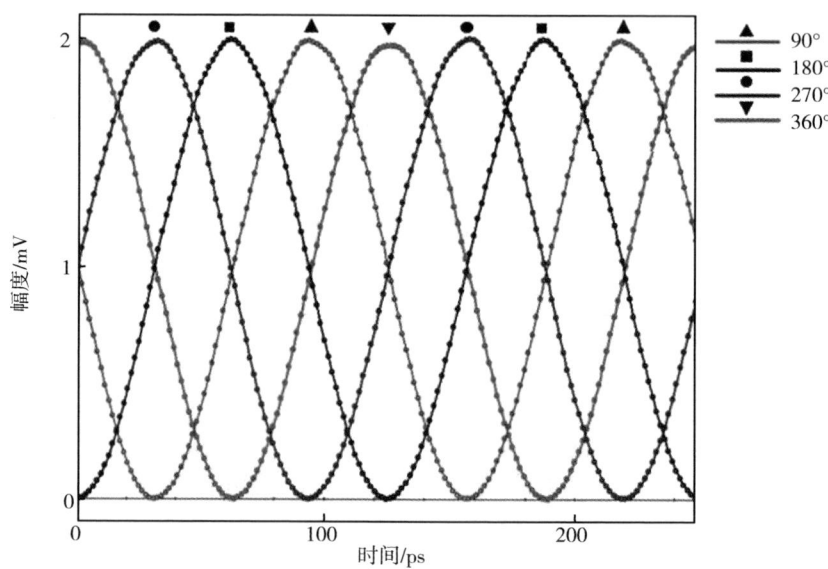

(b)下变频信号(8 GHz)

图6.9 本振倍频混频时相位连续调谐后的信号波形

第 6 章 具有移相和镜像抑制功能的可重构本振谐波混频技术研究

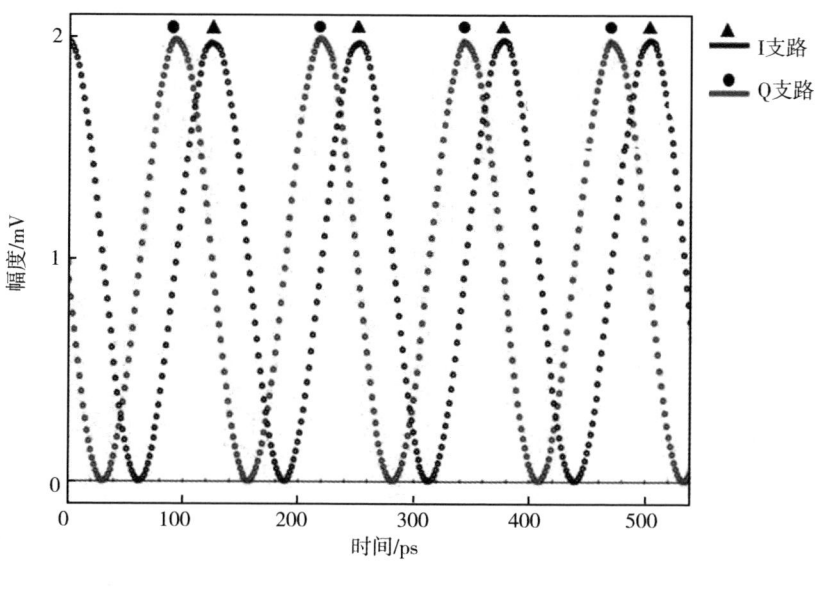

(a) I/Q 混频

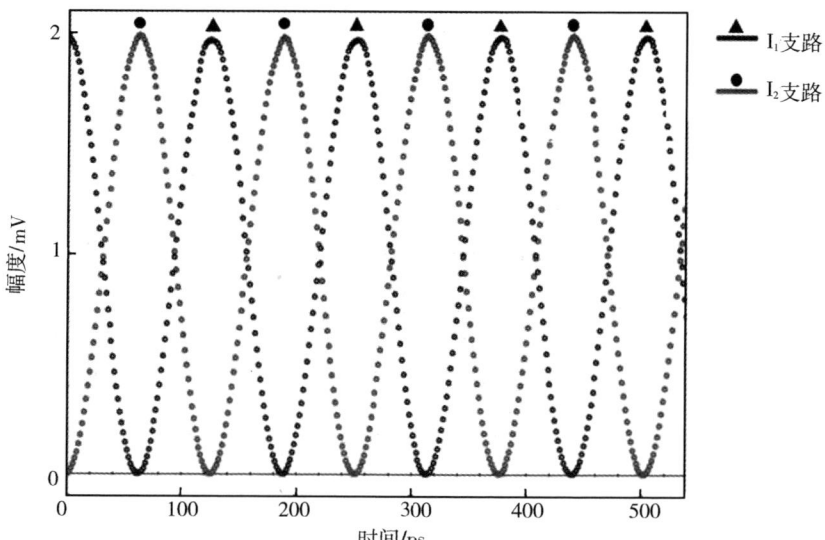

(b) 双平衡混频

图 6.10 本振倍频下变频情况下 I/Q 混频和双平衡混频的波形

以本振倍频下变频为例，当 α_1 和 α_2 的角度分别满足 $\alpha_1-\alpha_2=45°$ 和 $\alpha_1-\alpha_2=90°$ 时，实现了 I/Q 混频和双平衡混频。在本书中，分别取 $\alpha_1=45°$，$\alpha_2=0°$ 和 $\alpha_1=90°$，$\alpha_2=0°$，两种情况对应的波形如图 6.10(a) 和图 6.10(b) 所示。由图 6.10 可知，当实现 I/Q 混频功能时，这两种波形具有相同的振幅和 90° 的相位差。同时，当实现双平衡混频功能时，这两种波形具有相同的振幅和相反的相位。

6.2.4 镜像抑制与 SFDR

为了验证所提出可重构本振谐波混频方案的镜像抑制能力，本书在本振二倍频下变频的条件下进行了仿真验证。在仿真中，LO 信号的频率设置为 5 GHz，并且输入 RF 信号和镜像信号的频率分别设置为 18 GHz 和 2 GHz。当实现 I/Q 混频功能时，由 RF 信号和由镜像信号变频产生的中频信号波形分别如图 6.11(a) 和图 6.11(b) 所示。

在图 6.11(a) 中，两条虚线分别表示由 RF 信号变频得到的 PD1 和 PD2 输出的中频信号波形。在图 6.11(b) 中，两条分别表示由镜像信号变频得到的 PD1 和 PD2 输出的中频信号波形。为了实现镜像抑制功能，在 I/Q 混频的基础

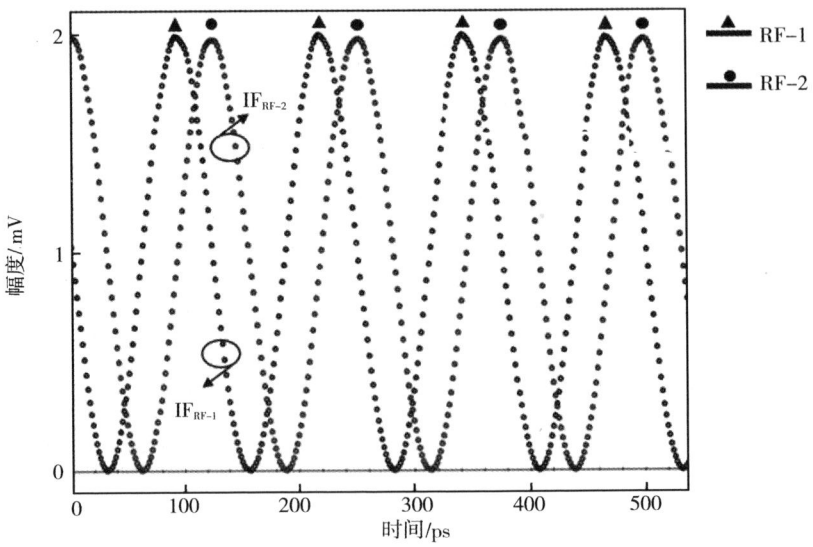

(a) 两个 RF 信号产生的 IF 信号

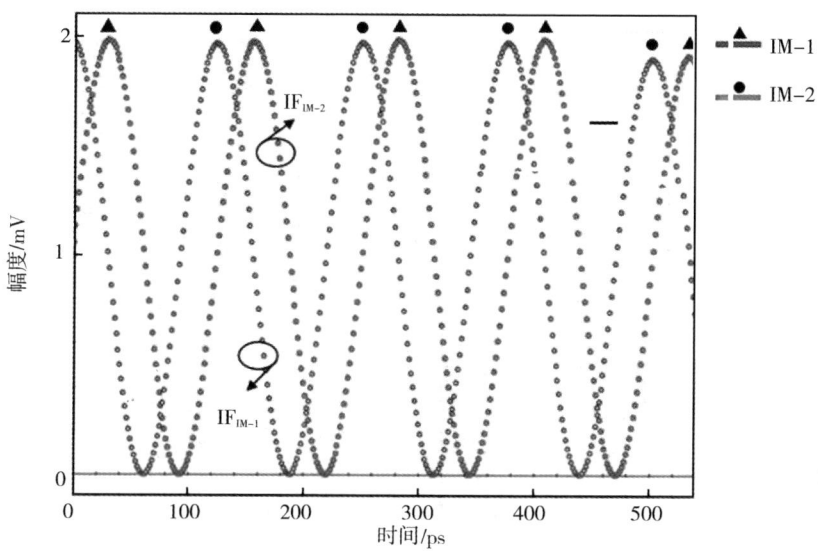

(b)两个镜像信号产生的IF信号

图6.11 I/Q混频情况下PD1和PD2输出的IF信号波形

上需要额外施加一个90°电混合耦合器,从而使PD2输出的信号引入90°的相移。可以看出,在PD2引入90°相移后,由RF信号变频得到的两个中频信号波形幅度和相位均相同,信号强度得到了增强。而由镜像信号变频得到的两个中频信号波形的幅度相同且相位相反,因此,由镜像信号变频产生的干扰信号被抑制。通过在仿真中同时施加射频信号和镜像信号,得到的下变频信号频谱图和波形图分别如图6.12(a)和图6.12(b)所示。图6.12(a)中,由镜像信号变频产生的中频信号被很好地抑制,镜像抑制比为51.35 dB。从图6.12(b)中可以看出,由镜像信号变频产生中频信号的幅度几乎为零,镜像信号在混频过程中的抑制效果较好。

最后测量SFDR,以测试所提出的系统的动态范围。LO信号的频率设置为5 GHz,采用具有18 GHz和18.1 GHz频率的双音信号作为RF信号。随着双音RF信号的功率从-2 dBm逐渐增加到6 dBm,基波项的功率和IMD3的功率如图6.13所示。假设噪底为-160 dBm/Hz,则上变频和下变频的SFDR分别为97 dB·Hz$^{2/3}$和97.27 dB·Hz$^{2/3}$。

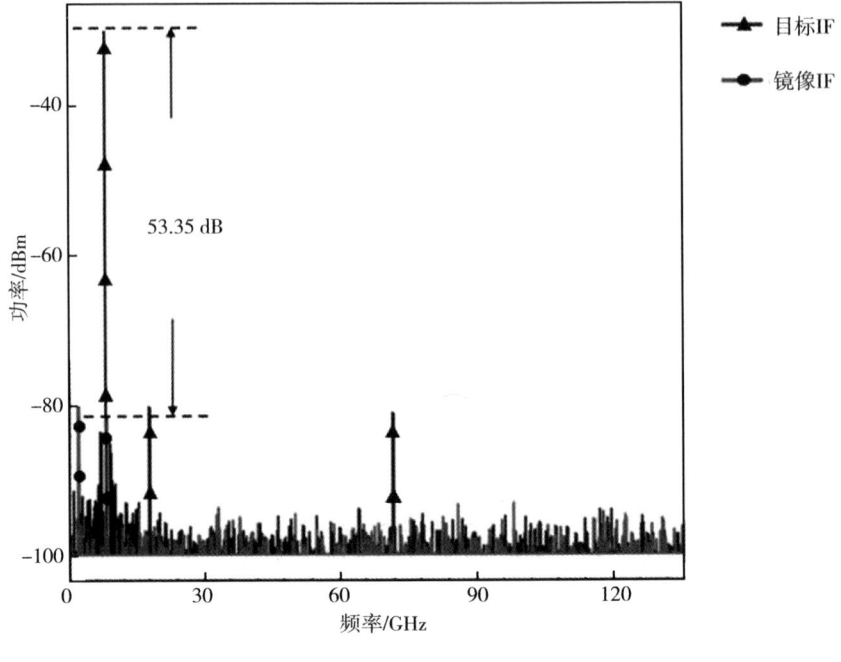

(a) IF 信号频谱图

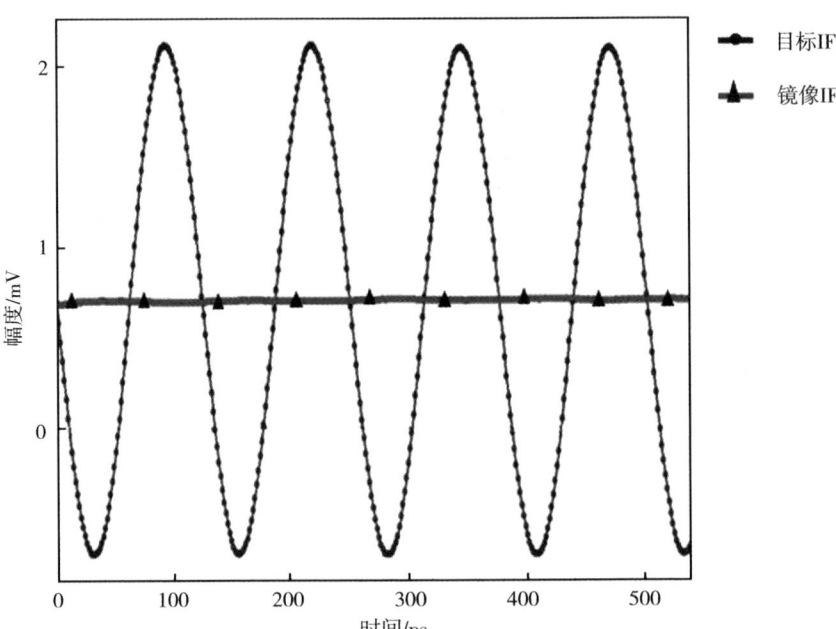

(b) IF 信号波形图

图 6.12 测得的来自镜像抑制混频系统的下变频 IF 信号和镜像 IF 信号的频谱图和波形图

第 6 章　具有移相和镜像抑制功能的可重构本振谐波混频技术研究

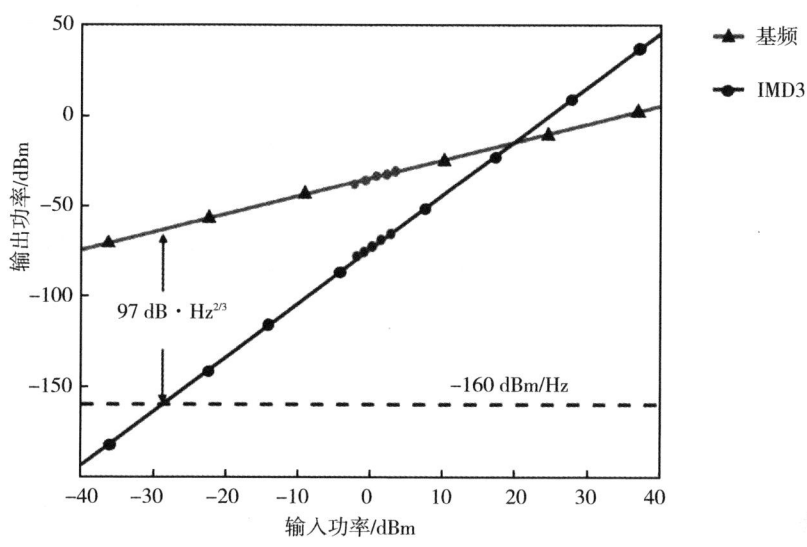

(a) 本振倍频上变频

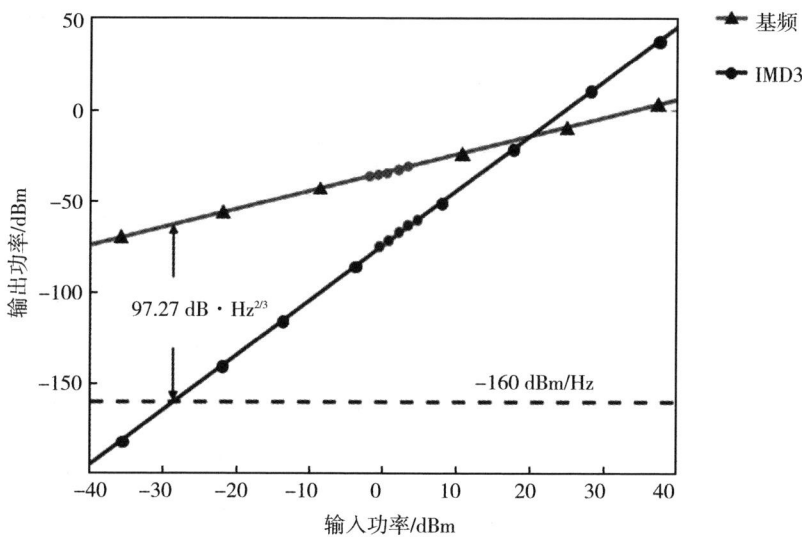

(b) 本振倍频下变频

图 6.13　可重构本振谐波混频系统的 SFDR

表 6.2 微波光子变频方案性能比较

方案	核心器件	功能	杂散抑制比 /dB	SFDR /dB·Hz$^{2/3}$
[81]	DPMZM	下变频	~39.00	113.90
[82]	PDM-DPMZM、OBPF	上/下变频	上变频：19.0 下变频：25.50	96.50
[83]	PDM-DPMZM、PM	上/下变频、360°移相	未测试	未测试
[84]	PDM-DPMZM、90°光耦合器	上/下变频、镜像抑制	30.00	上变频：114.00 下变频：117.00
[85]	MZM、DPMZM、90°光耦合器、BPD	上/下变频、镜像抑制	上变频：27.20 下变频：30.00	上变频：92.86 下变频：92.87
本章方案	PDM-DPMZM、WSS	上/下变频、可重构本振谐波混频、360°移相、镜像抑制	>32.00	上变频：97.00 下变频：97.27

表 6.2 比较了几种现有的微波光子变频方案。与使用多级电光调制器的变频方案相比，本章所提方案结构更加紧凑，复杂度更低，可靠性更高。与使用单个电光调制器的变频方案相比，本章所提方案更加灵活，可以切换选择上变频或下变频，可根据具体要求灵活选择本振一阶至四阶谐波边带参与混频，实现不同频段的信号输出，更容易满足未来多功能一体化射频前端的应用需求。此外，WSS 可以独立地将光信号中的任意频隙切换到输出端口，只选出需要参与变频的光边带。因此，本章所提的变频方案具有较高的杂散抑制比。

6.3 本章小结

本章提出了一种具有移相和镜像抑制功能的可重构本振谐波混频方案。通过调节 Y-DPMZM 的射频输入和直流偏置电压，可以分别产生±1 阶、±2 阶、±3 阶和±4 阶本振谐波边带或本振光频梳。利用产生的本振谐波边带或本振光频梳，可以实现本振倍频谐波混频或多频段混频功能。同时，只需调节 Pol 的偏振方向与调制器主轴之间的夹角，该混频方案就可实现 0~360°全范围相位灵活调谐。通过控制双通道输出变频信号之间的相位关系，可实现 I/Q 混频和双平衡混频。在实现 I/Q 混频功能的基础上，通过外加一个 90°电混合耦合器合并两个通道的输出,从而实现了镜像抑制功能,镜像抑制比为 51.35 dB。本振二倍频上下变频系统的 SFDR 分别为 97 dB·Hz$^{2/3}$ 和 97.27 dB·Hz$^{2/3}$。所提出的混频方案在未来的多功能、多频段、多载波相控阵雷达系统或卫星有效载荷和电子战等系统中,具有广阔的应用前景。

第 7 章　星地高速链路并行传输系统和高速光收发器的设计与研制

受大气环境(如雨、雾、大气湍流等)变化的影响,单纯采用激光通信方式建立卫星与地面站之间的链路,难以保证信息全天候传输的质量。在天气环境恶劣或大气湍流较强时,光信号的损耗会达到 50~300 dB/km,可能导致整个传输链路中断。因此,通常采用微波链路作为星地链路的备份,在星地高速激光链路建链困难时,可利用并行微波链路替代该高速激光链路。但是,在多路并行微波数据传输过程中,微波链路会受到来自空间环境不同程度的干扰,使接收到的多路并行信号之间易存在时间上的延时不同,对数据合并恢复造成困难。为了保证并行微波链路在时间上同步,需要对并行信道进行同步控制。而关于星地微波链路高速并行信道同步控制技术,目前还未见国内外有相关研究报道。

因此,本章首先给出了星地高速链路并行传输系统的设计方案,提出了一种星地多路并行信号同步控制技术,通过向四路并行信道添加同步信息,实现了多路信号的同步控制;其次,基于自行设计的 Virtex-6 系列 FPGA 硬件平台对所提出方案进行了实验验证,实现了对 5 Gbit/s 的激光链路的光/电转换、串/并转换和信道的同步控制,验证了经过传输后,带有延时的四路并行数据信号的同步性;最后,基于 RocketIO 高速串行收发器,设计了包括高速收发器和串行接口的高速串行通信模型,以 RocketIO 为编码工具,实现了 6.25 Gbit/s 的高速串行通信,并给出了 Chipscope 在线调试的实验结果和误码率。

本章后续内容如下:7.1 节提出了一种星地高速链路数据并行传输技术,并给出了高速并行信道的同步控制方案;7.2 节设计并研制了基于 RocketIO 的空间光通信高速光收发器,搭建实验实现了高速串行收发的功能;7.3 节为本章总结。

第7章 星地高速链路并行传输系统和高速光收发器的设计与研制

◆ 7.1 星地高速链路并行传输与同步控制技术研究

7.1.1 高速链路并行传输系统设计

由于星地微波链路的单信道传输速率低于激光链路承载信号的速率,无法直接实现数据从激光链路到微波链路的高速传输,必须对激光链路的信号进行降速处理,即将一路激光链路的数据转换为多路微波链路进行承载,因此,星载激光-微波链路转换和同步控制是建立星地微波链路数据高速传输的关键技术。

针对星上每幅微波天线单信道传输速率与星间激光链路数据传输速率不匹配问题,采用高速串/并转换与并行信道同步控制技术,实现激光链路至微波链路的转换,克服天气和大气恶劣情况下激光链路建链困难的问题,利用并行微波链路,保证星地链路进行正常数据传输。

根据系统所要实现的功能,所提出的激光-微波链路转换和并行同步控制系统原理图如图 7.1 所示。其中,数据的处理和同步帧的操作通过自行设计的 FPGA 实现,光/电转换、时钟提取和数据再生等功能由外部电路实现。

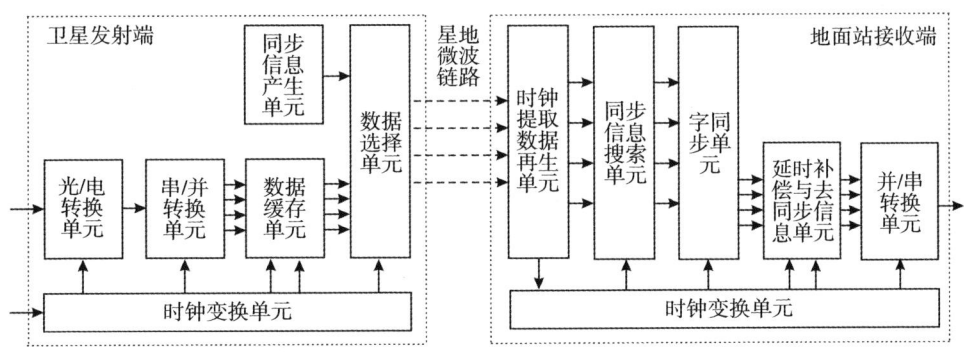

图 7.1 激光-微波链路转换和并行同步控制系统原理图

在卫星发射端,一路激光链路承载的高速光信号经过光/电转换单元变为电信号,在设计中,光/电转换功能由小型可拔插(small form pluggable, SFP)光模块实现。得到的电信号由 FPGA 高速串行收发器的输入端口接收并进行串/

并转换，转换后的四路并行信号被送入数据缓存单元中存储，数据缓存模块由双口随机存取存储器(random access memory，RAM)实现，通过写时钟和读时钟控制数据的写入和读取。插入并行各通道的同步信息在只读存储器(read only memory，ROM)中预先生成并存储，数据选择单元在时钟变换单元产生的控制时钟下，对数据缓存和同步信息储存单元中的信息进行选择。得到的输出即带有同步信息的四路并行数据，可通过微波天线经过星地微波链路发往地面站。由于在数据流中添加了同步信息，因此微波天线输出的并行数据速率之和略高于输入串行光信号的数据速率。

在地面站接收端，经过星地微波链路传输后，首先要对接收到的电信号进行时钟提取与数据再生。一方面提取出与接收信号同源的时钟，并将其作为后端各单元处理的参考时钟；另一方面对数据进行重定时，消除信号经过信道传输后引起的抖动。时钟提取与数据再生单元基于 Analog Devices 公司的 ADN2812 芯片搭建的硬件电路实现，它能够实现信号电平检测、时钟数据恢复和信号相位跟踪等功能，能够处理的数据速率范围为 12.3 Mbit/s～2.7 Gbit/s，其电路原理图如图 7.2 所示。

由于四路信号传输过程中所经历信道状况不完全相同，地面站接收的各数据信号之间必然也不能达到完全同步，因此，为了恢复出原始的高速串行信号，首先需要对四路同源的微波数据信号进行同步信息检测、帧同步和延时调整处理，通过同步信息搜索单元完成同步帧的锁定，其次通过帧同步单元对通道间进行帧同步，经过延时补偿和去同步信息后，最后送入并/串转换模块，恢复出原始的高速串行数据信号，从而完成整个星地激光–微波链路转换和基带数据恢复的过程。

7.1.2　高速并行信道同步控制方案

(1)同步帧编码结构。

在本设计中，假设激光链路承载的数据速率为 5 Gbit/s，在下行传输的过程中，需要将一路 5 Gbit/s 信号拆分成四路 1.25 Gbit/s 的并行信号，为了方便接收端对数据进行恢复，需要对每一路信号进行帧结构编码，插入帧头和同步信息后，四路信号变为 4×1.33 Gbit/s。具体的帧编码结构示意图如图 7.3 所示。

第 7 章　星地高速链路并行传输系统和高速光收发器的设计与研制

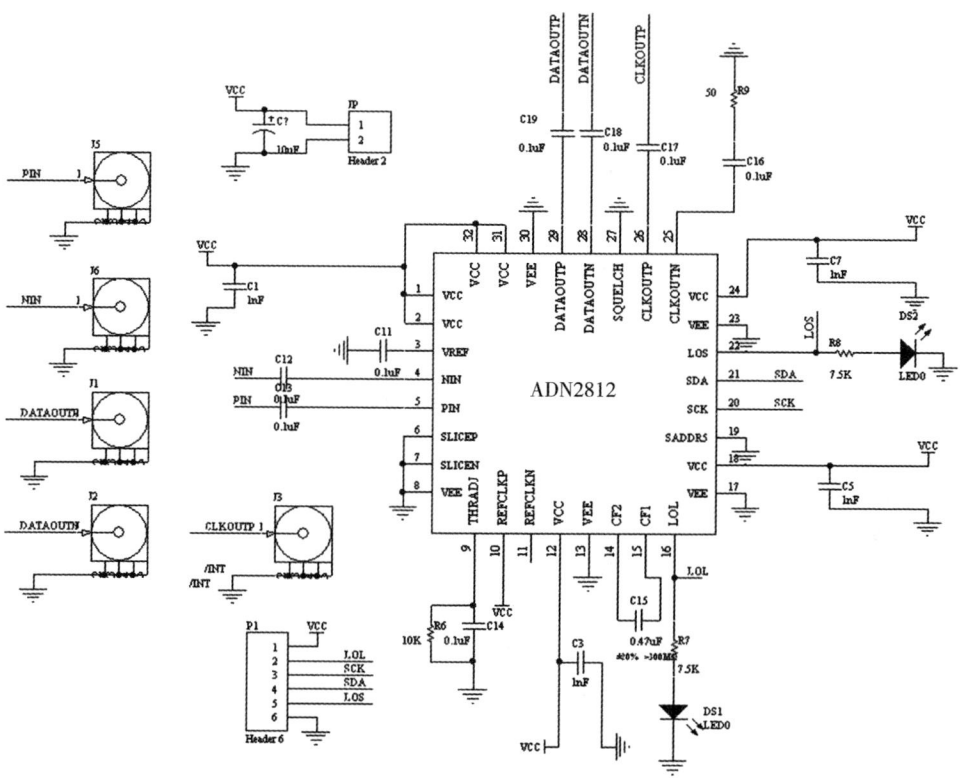

图 7.2　时钟提取与数据再生电路原理图

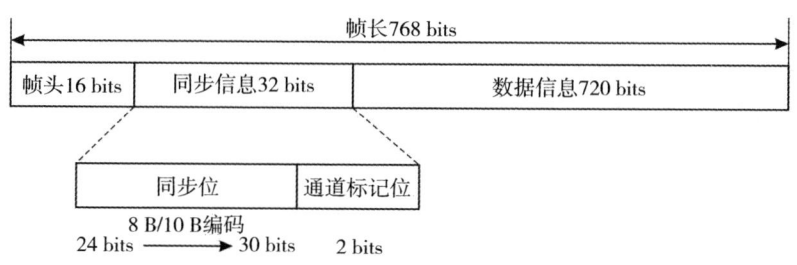

图 7.3　帧编码结构示意图

根据图 7.3 中帧编码结构示意图，将 5 Gbit/s 信号进行四路交织拆分，分别送至四路并行信号中。对于每路并行信号，每拆分得到 720 bits 数据后，进行帧编码。

帧头占用 16 bits，为十六进制的 EB90，作用是将四路并行信号进行帧对齐。但是仅锁定帧头，无法判断四路信号目前是否找到相对应的帧，可能仍存在整个帧长整数倍的延时差。

同步信息占用 32 bits，分为同步位 30 bits 和通道标记位 2 bits。同步位是为了标志出目前为第几帧，采用的是 24 bits 原码编码后通过 8B/10B 编码转换为 30 bits 的均衡编码。通过同步位，能够使四路并行信号在时间上同步。另外，由于传输过程中接收到四路信号的相对顺序是随机的，因此采用 2 bits 的通道标记位来标记通道顺序。经过编码后帧长则由 720 bits 变为 768 bits。

（2）并行信道同步与合成方案。

在发射端的同步编码中，向四路并行信号中插入了帧头和帧同步信息。因此，在地面站需要对接收的四路信号提取帧头及同步信息。并行信道同步与合成过程分为同步信息搜索、帧同步、延时补偿与去同步信息，以及并/串转换四部分，分别与图 7.1 地面站接收端各单元的功能对应。

同步信息搜索单元能够完成同步数据帧格式的搜索与提取。搜索完成后，输出提取完成指示作为使能信号，并将输入信息送至帧同步单元处理；帧同步单元通过检测数据信号中插入的同步帧，对各路进行帧同步调整，在帧同步完成之后，四路信号帧头对齐并产生帧同步脉冲和帧锁定状态指示，各路信号延时量的差为帧长的整数倍；延时补偿与去同步信息单元通过提取帧编码中延时标记位，来解析并确定各路延时量。数据缓存器控制数据的写入和读取，从而对各路时延进行调整，并将对齐后的四路数据中帧头及帧同步信息去除，完成精确的同步；最后按照从通道标记位读取的通道顺序，进行并/串转换，恢复为原始的 5 Gbit/s 高速串行数据。

7.1.3 实验结果

基于提出的激光-微波链路转换和并行信道同步控制方案，搭建实验系统，测试经过不同延时的并行信号合成之后的误码率，验证系统的可靠性。在实验中，使用脉冲码型产生器（pulse pattern generator，PPG）产生速率为 5 Gbit/s 的电信号，通过误码仪自带的光模块（MU181601A G0179A）进行电/光转换，得到 5 Gbit/s 的光信号，用来模拟待发送至地面的激光链路的数据。

将激光链路承载的 5 Gbit/s 光信号送至星地高速链路并行传输系统进行处理。首先，通过 SFP 光模块（F-TONE FTCS-151X-40X）完成光/电转换，之后一路 5 Gbit/s 电信号通过串/并转换系统，转换为四路 1.33 Gbit/s 含有同步信息的电信号，同步帧格式和同步控制方法如 7.2.2 节，高速信号的串行收发和同步帧的处理功能由 Xilinx 公司 Virtex-6 系列的 FPGA 实现。

为了能更直观的验证系统串/并转换的功能，设置 PPG 循环产生 32 bits 固定码型：1101 0011 1110 0010 1110 0101 1010 0001，经过串/并转换后通过示波器（Lecroy SDA825Zi-A）观测四路信号波形图，如图 7.4(a) 所示。由图可知，四路信号输出码型分别为：①10101100 ②01111010 ③11000101 ④01010101，且四路码型合并后与原码型一致。

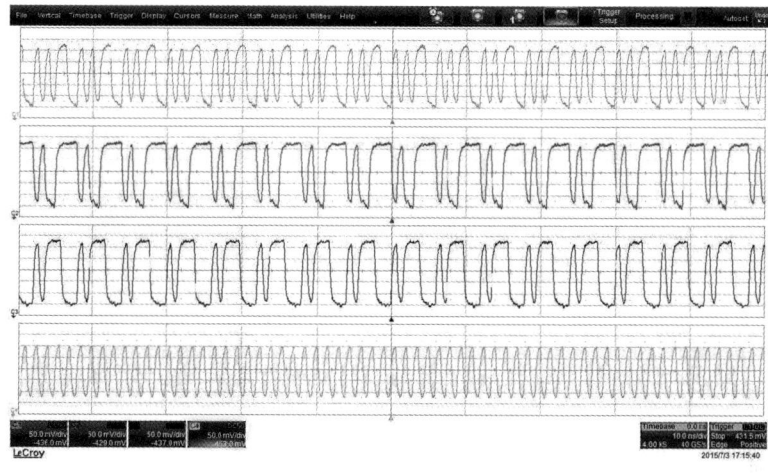

(a) 串/并转换后四路信号波形图

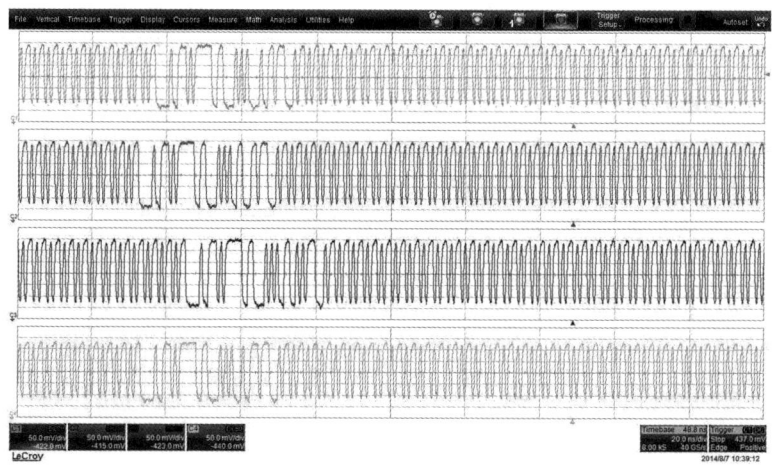

(b) 同步信息插入后波形图

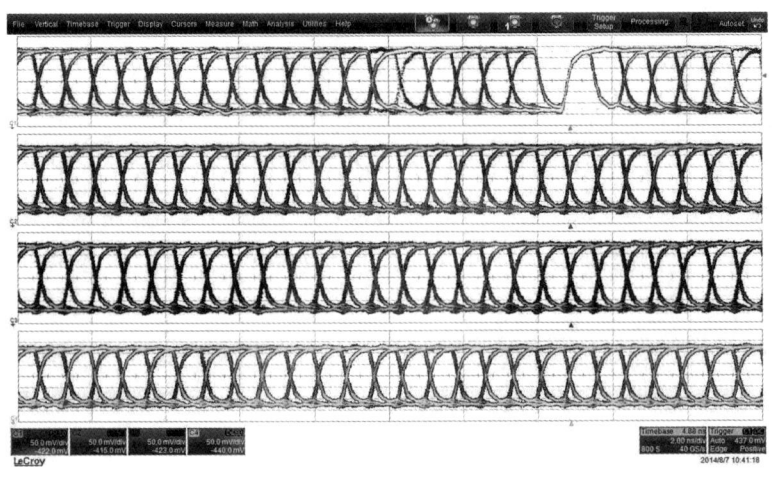

(c) 同步信息插入后四路信号眼图

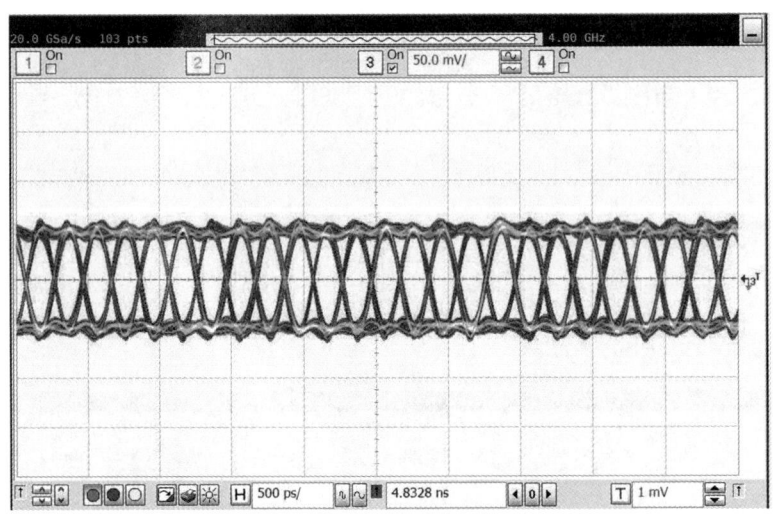

(d) 并/串转换后恢复得到原始信号眼图

图 7.4　激光-微波链路转换和多路信号同步控制实验结果

其次，设置 PPG 发送固定码型使四路并行数据波形相同，通过示波器观测插入同步信息之后的四路信号波形，如图 7.4(b) 所示。波形中非周期部分为插入的同步帧，包含帧头 16 bits（EB90）、同步位 30 bits 和通道标记位 2 bits，由图可以看出同步帧已经被正确插入。

最后，设置 PPG 产生 PRBS 信号，长度为 $2^{23}-1$，速率为 5 Gbit/s。经过并/串转换和插入同步信息之后，四路并行信号的眼图如图 7.4(c) 所示。得到的四路 1.33 Gbit/s 的电信号送入多路信号同步控制与合成系统进行合路，经过同步信息搜索、帧同步、延时补偿与去同步信息及并/串转换等过程后，得到恢复的 5 Gbps 基带数据，其眼图如图 7.4(d) 所示，误码仪测得的误码率低于 10^{-10}。

◆ 7.2 基于 RocketIO 的空间光通信高速光收发器的设计与研制

RocketIO 是 Xilinx FPGA 芯片内部集成的可编程高速串行收发器，在 Virtex-6 系列中，称作 GTX，它采用两对差分对进行数据的发送和接收，GTX 高速串行收发器可以实现 150 Mbit/s~6.5 Gbit/s 的线速率，是芯片与芯片之间、板与板之间进行串行通信的首选解决方案。GTX 收发器具有如下特点。

①CML 逻辑电平的串行驱动与缓冲设计，编程可控的差分输出电压摆幅。

②器件中包含 20 个 GTX 收发器模块，每个 GTX 支持高达 6.5 Gbit/s 的线路速率，支持多速率应用。

③可通过编程控制发射预加重、接收均衡及判决反馈均衡器的配置，改善高速串口的信号质量，增强信号完整性。

④单芯片时钟数据恢复功能，高度灵活的时钟控制，参考时钟自动锁定，接收时钟与发送时钟独立。

⑤可选的内嵌物理编码子层(PCS)特性，包括 8 B/10 B 直流平衡编码，comma 对齐，通道绑定和时钟校正。

GTX 的以上特点使其具有高度可配置性，能与 FPGA 片内其他可编程逻辑单元紧密配合协同工作，能够支持光纤通信和空间光通信等领域的多种应用。

7.2.1 GTX 高速串行收发器

FPGA 的吉比特串行传输具有通用的传输标准，系统组成随 FPGA 系列的不同而稍有不同，而其关键技术基本一致。使用 Xilinx 公司 FPGA 内部集成的 IP 核 RocketIO 能高效地解决高速串行互连的问题。RocketIO 收发器内部结构示意图如图 7.5 所示。

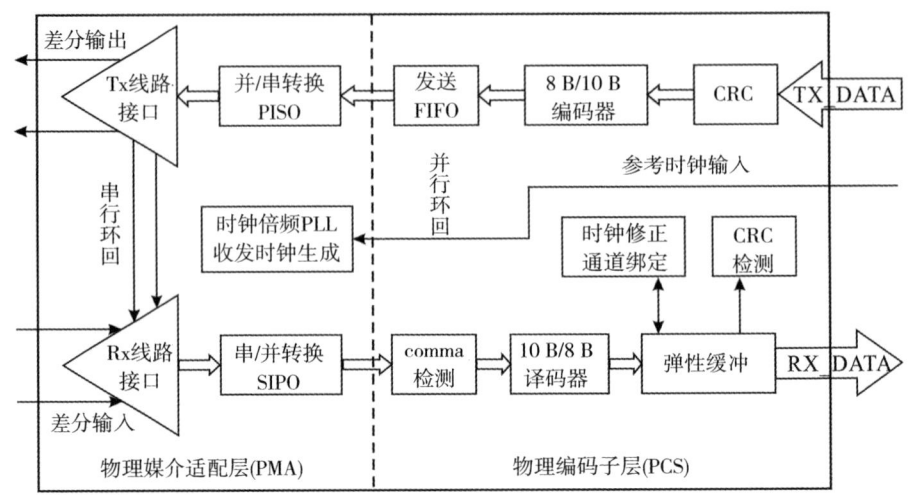

图 7.5 RocketIO 收发器内部结构示意图

RocketIO 包括物理编码子层(physical doding sublayer，PCS)和物理媒介适配层(physical media attachment，PMA)两个子层，其内部结构如图 7.5 所示。PCS 提供与 FPGA 逻辑内的数字接口，负责 8 B/10 B 编/解码和 CRC 校验，并集成了负责通道绑定和时钟修正的弹性缓冲。PMA 子层主要用于数据流的串/并和并/串转换，集成了 SERDES、发送和接收缓冲、时钟发生器及时钟恢复电路。

发射部分中发送的并行数据首先进行线路编码，通常采用 8 B/10 B 编码使数据有更多的跳变信息，长连"0"或长连"1"不超过 5 位，平衡码流中高低电平的概率均等，获得更好的直流平衡性，以使码型更适合高速收发器发送和信道传输。然后经过 FIFO 单元暂存准备发射的数据作为缓冲，再通过并/串转换单元转变为串行差分信号，最后通过发送线路接口将信号发出。为了补偿通道损耗，还可以加入预加重功能。

接收部分通过接收线路接口将高速差分串行信号接收，在均衡电路补偿传输衰减之后，经过串/并转换单元变成串行信号，通过 comma 检测单元进行序列边界调整，再根据发送编码格式进行相应的译码和缓存，完成对数据的接收。时钟管理模块负责片内时钟的变换，包括分频、倍频和对接收的高速数据进行时钟恢复。收发的工作时钟由锁相环对输入的参考时钟倍频得到。

在基于 RocketIO 设计的应用于空间高速光通信的光信号收发和处理系统中，FPGA 是整个通信系统的核心，完成电信号的高速接收与发送，并利用 GTX 单元进行时钟恢复、数据处理和信号质量改善的工作。电信号与光信号之间相互转换的功能由光收发一体化 SFP 模块完成。SFP 模块符合千兆以太网标准 IEEE802.3 和工业多边协议标准 SFF-8472，它将传统的光接收与光发送单元集成封装于同一抗电磁干扰壳体内，具有体积小、性能优、可靠性强和成本低等优势。

在设计中，将 SFP 模块与 FPGA 芯片集成于同一块 PCB 板中，将 SFP 模块电信号输入输出引脚直接与 FPGA 芯片 GTX 高速收发器相连。系统采用了深圳市万兆通光电技术有限公司的光收发一体化模块 AXS15-192-40，传输速率高达 10 Gbit/s，波长 1550 nm，单模光纤传输距离为 40 km，带有数字诊断功能，各项参数满足要求。

7.2.2　基于 RocketIO 的自定义传输协议设计

利用 Xilinx 公司 Virtex-6 系列 FPGA 内嵌的 RocketIO 设计高速光收发器时，需要自定义传输协议，对 GTX 硬核初始化。表 7.1 给出了高速串行接口协议定制过程中参数的具体配置方式。

表 7.1　高速串行接口协议参数配置

线路速率与编码参数	参数	时钟配置与同步控制	参数	信号整形与波形优化	参数
线速率	6.25 Gbit/s	TX RX PCS/PMA 调整	使能 TX RX 缓冲	预加重等级	使用 TXPREEMPHASIS 端口
数据通道宽度	20	TX RX USRCLK(2) 源	TXOUTCLK	主驱动差分摆动	使用 TXDIFFCTRL 端口
编码方式	8 B/10 B	逗号模式	K28.5	宽带/高通率	使用 RXEQMIX 端口
参考时钟	125 MHz	加逗号	0101111100	RX 均衡	使能 DFE

表 7.1（续）

线路速率与编码参数	参数	时钟配置与同步控制	参数	信号整形与波形优化	参数
8 B/10 B 可选端口	RXCHARISC OMMA	减逗号	1010000011		
		逗号掩码	1111111111		

该协议串行数据速率达 6.25 Gbit/s，编码方式采用 8 B/10 B 编码，由于 bank113 为硬件电路中 SFP 光模块的接入单元，因此，使能中的 GTX_X0Y4 至 GTX_X0Y7 四个高速收发器用于串行收发。参考时钟选择 REFCLK0_Q1，对应外部晶振 125 MHz。Comma 检测和对齐使用的标识符为高速协议普遍使用的 K28.5。信号整形通过在线调试的方式进行配置，将对应引脚映射至 Chipscope 的 VIO 控制模块，对参数值实时调整。

在定义传输协议的过程中，调试 RocketIO IP 核应着重考虑时钟域匹配和系统同步问题。基于 RocketIO 高速收发器系统原理图，如图 7.6 所示，图中给出了 RocketIO 的时钟信号和复位信号的连接方式。

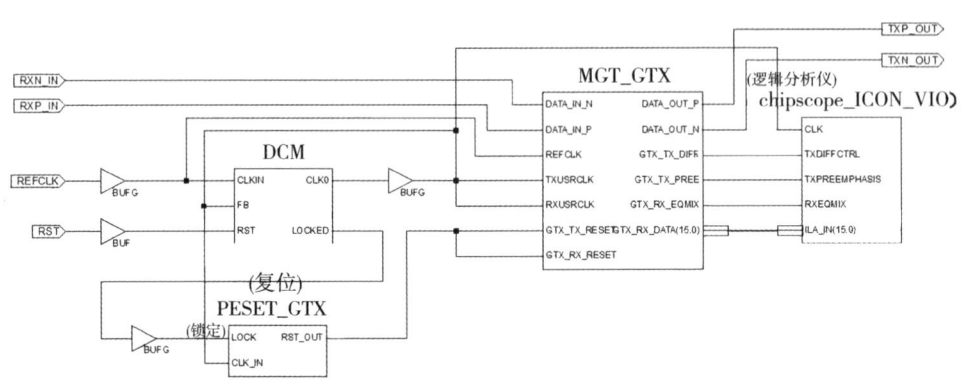

图 7.6 基于 RocketIO 高速收发器系统原理图

由于设计的系统串行速率高于 2.5 Gbit/s，因此参考时钟采用 LVDS 差分输入方式，由专用差分时钟管脚输入，经过一级全局时钟缓冲布设到时钟树上，再连接到 RocketIO 的参考时钟，这样可以最大幅度地减小抖动。同时要保持 PCS 中 TXUSRCLK 时钟域与 PMA 中 XCLK 时钟域速率匹配且相位同步。

设置 comma 检测可以对接收的并行数据进行帧同步处理和边界调整，通过

第 7 章　星地高速链路并行传输系统和高速光收发器的设计与研制

将 RX_LOSS_OF_SYNC_FSM 置为 TRUE，可以启动 GTX 收发器中的 LOS 状态机。LOS 状态机与状态转移条件如图 7.7 所示。状态机指示端口 RXLOSSOF-SYNC 有 00，01，10 三种状态，通过其不同状态可以检测接收的数据流中是否有误码，同时可以利用其中的 K 码实现时钟修正。错误计数速度和状态转移敏感度可以由信号 RX_LOS_INVALID_INCR 和 RX_LOS_THRESHOLD 进行设置。

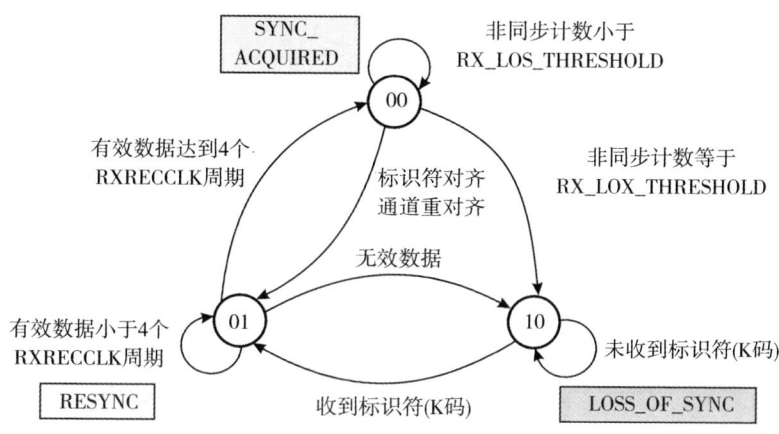

图 7.7　LOS 状态机与状态转移条件

7.2.3　硬件设计与性能测试

为验证设计的基于 RocketIO 高速光收发器的性能，通过实验来对系统的传输协议和硬件电路进行测试。测试以 Virtex-6 GTX 高速收发器为对象，首先使用 Xilinx ISE 12.3 软件实现系统内部自环回，仿真环境为 Modelsim SE 6.5，之后将误码仪发出的高速串行数据通过 SFP 模块进行硬件环回测试。因此，测试主要分为两部分内容，一部分是对 FPGA 内部高速数据串行环回性能的测试，另一部分是对误码仪发出的高速串行数据的误码率测试。

首先，通过串行环回的方式进行测试，以验证所设计高速光收发系统的功能，其测试原理如图 7.8 所示。根据 7.2.2 节的分析对高速串行接口传输协议进行配置，通过预设的程序使 Frame_Gen 模块循环产生 00 至 7e 十六进制递增码元序列，通过 GTX 并/串转换后发出，串行数据速率为 6.25 Gbit/s。在激励文件中，将差分串行发送端与差分串行接收端对应连接实现环回，再由 GTX 接收送至 Frame_Check 模块进行比对，观测接收信号，验证系统高速收发功能。得到的基于 RocketIO 自定义传输协议的高速串行收发器的自环回仿真结果如图 7.9 所示。

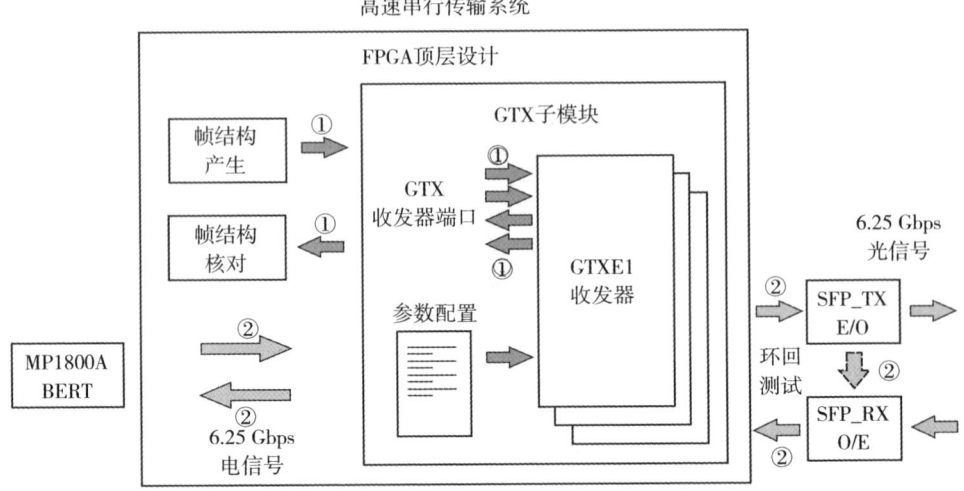

图 7.8　高速串行收发系统测试原理图

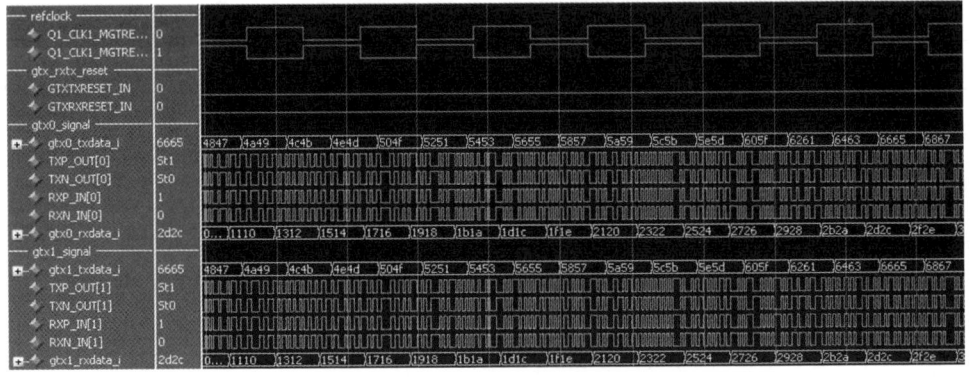

图 7.9　基于 RocketIO 自定义传输协议的高速串行收发器仿真结果

由于原理相同，因此图 7.9 中仅给出了两个通道收发信号的仿真图。Q1_CLK1_MGTREFCLK_PAD 为 125 MHz 外部晶振输入，GTXRESET 为 GTX 复位信号。gtx_txdata_i 为模板发送至 GTX 的 16 位递增的并行测试数据，并/串转换后得到差分串行信号 TXP_OUT,TXN_OUT,环回至差分串行接收端 RXP_IN,RXN_IN 由 GTX 接收,最后串/并转换得到 gtx_rxdata_i 后,送入校验模块。可以看出,系统接收端恢复的数据与发送端输出的码元序列完全相同,可证明系统 GTX 高速串行收发软件功能正确。

其次,将经过仿真的工程下载至 FPGA 中,使用 Xilinx 公司在线逻辑分析工具 Chipscope 观测内部信号,得到的系统环回测试结果如图 7.10 所示。

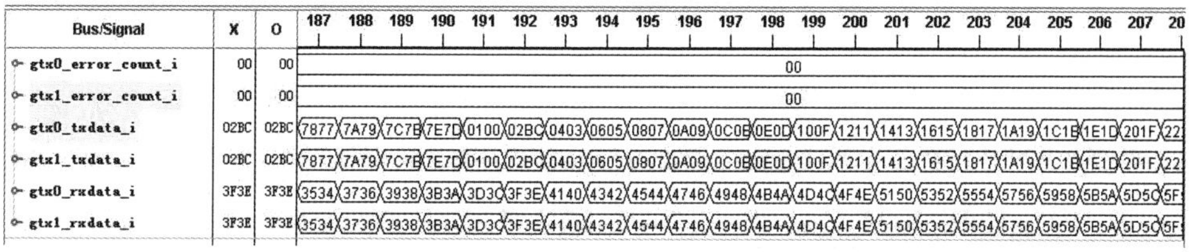

图 7.10 系统环回测试结果

与仿真类似,gtx0_txdata_i 与 gtx0_rxdata_i 分别为环回测试条件下 GTX 发送与接收的并行数据,gtx_error_count_i 为 FPGA 接收数据与模板对比得到错误码元的数量。测试结果表明,系统能够正确地发送和接收高速串行数据,传输时间为 10 min,一共传输了 3.9×10^{12} bits,误码个数为 0,可得误码率低于 10^{-12}。

最后,对误码仪发出的高速串行数据进行误码率测试,如图 7.8 所示。使用误码仪输出速率为 6.25 Gbit/s 的伪随机序列,FPGA 接收后串/并转换为 16 位并行数据,经过 8 B/10 B 编码、并/串转换等核心模块后,以差分形式发出数据。电信号经 SFP 模块进行电/光转换,光信号经过衰减器后,环回至另一 SFP 模块的接收单元,接收端接收此数据后,经光/电转换,数据时钟恢复、串/并转换、10 B/8 B 译码等模块再次得到并行数据,再通过 RocketIO 并/串转换后发送至误码仪进行误码测试。测试时间为 10 min,误码统计数为 0,误码率低于 10^{-12},可见,设计的应用于空间光通信的高速光收发器满足要求。

7.3 本章小结

本章首先给出了星地高速链路并行传输系统的设计方案,并提出了一种星地多路并行信号同步控制技术。其次,通过自主设计的 FPGA 硬件平台对所提出方案进行了实验验证。实验结果表明,5 Gbit/s 速率激光链路的数据经过光/电转换、串/并转换和信道的同步控制等过程,最终实现了带有延时的四路并行数据信号的同步。最后,设计与研制了基于 RocketIO 的空间光通信高速光收发器,实现了单 GTX 速率达 6.25 Gbit/s 的高速串行通信。目前,该系统已经成功地应用于实际工程。采用高性能 FPGA 设计的阵列高速光收发器,具有集成度高、抗干扰能力强、调试灵活、扩展性较强和信号处理功能灵活等特点,具有广阔的应用前景。

第 8 章 结 论

高速数据实时传输、卫星导航定位和高精度对地观测等业务的不断增长，对星间、星地大容量信息的传输、交换和处理带来了巨大挑战。因此，卫星通信网络从微波网络升级至激光网络及微波网络与激光网络的互联互通，将成为未来数据中继卫星发展的重要方向。卫星激光通信具有频带宽、传输速率高、终端和天线的体积小、重量轻、功耗低、抗电磁干扰等优点。因此，采用激光通信技术建立星间高速链路，从而形成激光-微波混合卫星网络，是未来空间信息网络的重要发展方向之一。

在卫星激光-微波混合网络中，中继节点的处理与转发功能成为整个网络高效、稳定运行的关键。因此，对如何克服弱光信号星上调制时产生的非线性失真效应，中继交换节点如何对不同粒度的信号进行带宽分配，波长冲突时如何进行波长变换，以及如何进行微波信号多通道变频等问题的研究，具有重要的科学价值和实用意义。本书针对微波光子链路传输的性能、卫星中继节点的带宽分配策略和波长变换、星上多波段微波信号变频、星地高速链路并行传输和高速串行光收发器的研制等理论问题和关键技术，进行了深入的理论和系统实验研究，主要完成如下工作。

首先，针对卫星激光-微波混合组网，提出了激光-激光、激光-微波、微波-激光和微波-微波混合交换的结构方案；同时，针对混合网络中业务种类多、粒度差异大、带宽资源紧张等问题，提出了基于业务分布的弹性带宽优化分配策略，仿真对比了三种频谱资源预留策略的优劣；并基于 MEMS 和 WSS 搭建了弹性带宽交换实验验证系统。测试结果表明，通过控制 WSS 对四路通道信号带宽配置，可实现频谱资源灵活配置和弹性带宽交换。

其次，为了提高中继卫星的交换能力，降低阻塞率，提出了一种基于光频梳的全光波长变换方案，分析了波长变换的原理和实现技术，通过 OFC 与 WSS 的配合，实现了全光的波长变换和动态调度。

再次，针对中继卫星转发器中的多通道微波-微波交换，设计了一种具有多频段变频功能的透明卫星转发系统，提出了基于 DSB-SC 方式和基于单 OFC 方式的宽带、多波束星上多频段变频方案，分析了星上变频实现的原理，研制变频电路并搭建实验系统，通过二级上变频产生了频率为 28 GHz 的 Ka 波段微波信号，然后，在光域与多频光本振混频，实现了变频。

最后，由于星地间采用激光链路易受到大气环境的影响，因此提出了一种多路并行微波链路高速传输系统方案，设计了 Virtex-6 系列 FPGA 硬件系统实验验证平台，数据速率为 5 Gbit/s 的激光链路，经过光/电转换、串/并转换和信道同步控制等过程，被地面终端接收，得到恢复基带数据的误码率低于 10^{-10}，验证了经过传输后带有延时的四路并行数据信号的同步性。同时，设计与研制了基于 RocketIO 的空间光通信阵列高速光收发器，实现了单 GTX 速率达 6.25 Gbit/s 的高速串行通信，它具有集成度高、抗干扰能力强、调试灵活、扩展性较强和信号处理功能灵活等特点。

参考文献

[1] 周航.天地一体化网络传输与接入技术研究[D].北京:北京邮电大学,2016.

[2] 闵士权.我国天地一体化综合信息网络构想[J].卫星应用,2016(1):27-37.

[3] 庄树峰.跟踪与数据中继卫星系统资源调度技术研究[D].哈尔滨:哈尔滨工业大学,2017.

[4] 瞿政安.下一代数据中继卫星系统发展思考[J].飞行器测控学报,2016,35(2):89-97.

[5] PANAGOPOULOS A D,ARAPOGLOU P M,COTTIS P G.Satellite communications at KU,KA,and V bands:propagation impairments and mitigation techniques[J].IEEE communications surveys and tutorials,2004,6(3):2-14.

[6] ALAGHA N S,ARAPOGLOU P M.Technology trends for Ka-band broadcasting satellite systems[C]//International Conference on Wireless and Satellite Systems(WiSATS),Bradford,England,2015.

[7] TELES J,SAMII M,DOLL C.Overview of TDRSS[C]//PSD Meeting of the COSPAR Technical Panel on Satellite Dynamics,Hamburg,Germany,1994.

[8] BRANDEL D,WATSON W,WEINBERG A.Nasa advanced tracking and data relay satellite system for the years 2000 and beyond[J].Proceedings of the IEEE,1990,78(7):1141-1151.

[9] Anatoly Zak Luch satellite[EB/OL].(2015-12-04)[2025-02-10].http://www.russianspaceweb.com.luch.html.

[10] MICHAEL W,HARALD H,ANDREW M,et al.Status of the European data relay satellite system[C]//International Conference on Space Optical Systems and Applications(ICSOS),Ajaccio,France,2012.

[11] ZORAN S,MARC S.Extending EDRS to laser communication from space to ground[C]//International Conference on Space Optical Systems and Applications(ICSOS),Ajaccio,France,2012.

[12] 王家胜.中国数据中继卫星系统及其应用拓展[J].航天器工程,2013,22(1):1-6.

[13] 王家胜,齐鑫.为载人航天服务的中国数据中继卫星系统[J].中国科学(技术科学),2014,44(3):235-242.

[14] 焦仲科.星间激光通信若干关键技术研究[D].北京:中国科学院大学,2017.

[15] WU W,CHEN M,ZHANG Z,et al.Overview of deep space laser communication[J].Science China-information sciences,2018,61(4):040301.

[16] 赵尚弘,吴继礼,李勇军,等.卫星激光通信现状与发展趋势[J].激光与光电子学进展,2011,48(9):28-42.

[17] 赵尚弘,李勇军,吴继礼.卫星光网络技术[M].北京:科学出版社,2010:2-15.

[18] CHAN V W S.Free-space optical communications[J].Journal of lightwave technology,2006,24(12):4750-4762.

[19] KAUSHAL H,KADDOUM G.Optical communication in space:challenges and mitigation techniques[J].IEEE communications surveys and tutorials,2017,19(1):57-96.

[20] KOLEV D R,TOYOSHIMA M.Satellite-to-ground optical communications using small optical transponder(SOTA)-received-power fluctuations[J].Optics express,2017,25(23):28319-28329.

[21] LI M,HONG Y,ZENG C,et al.Investigation on the UAV-To-satellite optical communication systems[J].IEEE journal on selected areas in communications,2018,36(9):2128-2138.

[22] HEINE F,KAMPFNER H,CZICHY R,et al.Optical inter-satellite communication operational[C]//Military Communications Conference(MILCOM),California,USA,2010.

[23] SMUTNY B,KAEMPFNER H,MUEHLNIKEL G,et al.5.6 Gbps optical intersatellite communication links[C]//International Conference on Free-Space

Laser Communication Technologies XXI,California,USA,2009.

[24] CHAN V W S.Optical satellite networks[J].Journal of lightwave technology,2003,21(11):2811-2827.

[25] TOYOSHIMA M.Trends in satellite communications and the role of optical free-space communications[Invited][J].Journal of optical networking,2005,4(6):300-311.

[26] ZHU X,KAHN J.Free-space optical communication through atmospheric turbulence channels[C]//IEEE Global Telecommunications Conference(GLOBECOM),San Francisco,California,2000.

[27] POLIAK J,CALVO R M,REIN F.Demonstration of 1.72 Tbit/s optical data transmission under worst-case turbulence conditions for ground-to-geostationary satellite communications[J].IEEE communications letters,2018,22(9):1818-1821.

[28] DANIEL E R,ROBERT R R,JAMES M B,et al.On the physical realizability of hybrid RF and optical communications platforms for deep space applications[C]//International Communications Satellite Systems Conference,San Diego,CA,2014.

[29] LV Q,ZHANG A,HUANG N,et al.Study on photonic and digital hybrid flexible satellite payload[C]//International Topical Meeting on Microwave Photonics(MWP),Beijing,China,2017.

[30] JAGER D.Microwave photonics[M].Berlin:Springer,1993:328-333.

[31] CAPMANY J,NOVAK D.Microwave photonics combines two worlds[J].Nature photonics,2007,1(6):319-330.

[32] YAO J.Microwave photonics[J].Journal of lightwave technology,2009,27(3):314-335.

[33] CAPMANY J,MORA J,GASULLA I,et al.Microwave photonic signal processing[J].Journal of lightwave technology,2013,31(4):571-586.

[34] BENAZET B,SOTOM M,MAIGNAN M,et al.Microwave photonics cross-connect repeater for telecommunication satellites[C]//International Conference on Millimeter-Wave and Terahertz Photonics,Strasbourg,France,2006.

[35] 赵尚弘.卫星微波光子通信系统原理与技术[M].北京:电子工业出版社,

2015:78-84.

[36] SOTOM M, BENAZET B, MAIGNAN M. A flexible telecom satellite repeater based on microwave photonic technologies[C]//International Conference on Space Optics(ICSO), Noordwijk, Netherlands, 2006.

[37] SOTOM M, BENAZET B, KERNEC A L, et al. Microwave photonic technologies for flexible satellite telecom payloads[C]//European Conference on Optical Communication(ECOC), Vienna, Austria, 2009.

[38] KARAFOLAS N, ARMENGOL P, MCKENZIE I. Introducing photonics in spacecraft engineering: ESA's strategic approach[C]//IEEE Aerospace Conference, Big Sky, MT, 2009.

[39] ISRAEL D J, SHAW H. Next-generation NASA Earth-orbiting relay satellites: fusing optical and microwave communications[C]//IEEE Aerospace Conference, Montana, USA, 2018.

[40] TOLKER-NIELSEN T, OPPENHAEUSER G. In orbit test result of an operational optical intersatellite link between ARTEMIS and SPOT4, SILEX[C]//International Conference on Free-Space Laser Communication Technologies, California, USA, 2002.

[41] SODNIK Z, FURCH B, LUTZ H. Optical intersatellite communication[J]. IEEE journal of selected topics in quantum electronics, 2010, 16(5):1051-1057.

[42] TAKASHI J. Optical inter-orbit communication experiment between OICETS and ARTEMIS[J]. Journal of the national institute of information and communications technology, 2012, 59(1):23-33.

[43] JONO T, TAKAYAMA Y, SHIRATAMA K, et al. Overview of the inter-orbit and orbit-to-ground laser communication demonstration by OICETS[C]//International Conference on Free-Space Laser Communication Technologies, California, USA, 2007.

[44] SMUTNY B, LANGE R, KAEMPFNER H, et al. In-orbit verification of optical inter-satellite communication links based on homodyne BPSK[C]//International Conference on Free-Space Laser Communication Technologies, California, USA, 2008.

[45] FIELDS R, KOZLOWSKI D, YURA H, et al. 5.625 Gbps bidirectional laser communications measurements between the NFIRE satellite and an optical ground station[C]//International Conference on Space Optical Systems and Applications(ICSOS), California, USA, 2011.

[46] KHATRI F I, ROBINSON B S, SEMPRUCCI M D, et al. Lunar laser communication demonstration operations architecture[J]. Acta astronautica, 2015, 111: 77-83.

[47] SANS M, SODNIK Z, ZAYER I, et al. Design of the ESA optical ground station for participation in LLCD[C]//International Conference on Space Optical Systems and Applications(ICSOS), Corsica, France, 2012.

[48] OAIDA B V, WU W, ERKMEN B I, et al. Optical link design and validation testing of the optical payload for lasercomm science(OPALS) system[C]//International Conference on Free-Space Laser Communication and Atmospheric Propagation, California, USA, 2014.

[49] ABRAHAMSON M J, OAIDA B V, SINDIY O, et al. Achieving operational two-way laser acquisition for OPALS payload on the international space station[C]//International Conference on Free-Space Laser Communication and Atmospheric Propagation, California, USA, 2015.

[50] PERDIGUES J M, SODNIK Z, HAUSCHILDT H, et al. The ESA's optical ground station for the EDRS-A LCT in-orbit test campaign: upgrades and test result[C]//International Conference on Space Optics, Biarritz, France, 2016.

[51] PERDIGUES J, HAUSCHILDT H, EL-DALI W, et al. HYDRON: the ESA initiative towards optical networking in space[C]//2021 European Conference on Optical Communication(ECOC), Bordeaux, France. 2021.

[52] ROBINSON B S, SHIH T, KHATRI F I, et al. Laser communications for human space exploration in cislunar space: ILLUMA-T and O2O[C]//Proceedings of SPIE, 2018.

[53] 任建迎,孙华燕,张来线,等.空间激光通信发展现状及组网新方法[J].激光与红外,2019,49(2):143-150.

[54] RAN Q W, YANG Z H, MA J, et al. Weighted adaptive threshold estimating method and its application to Satellite-to-Ground optical communications[J].

Optics and laser technology,2013,45:639-646.

[55] WANG Q,TAN L Y,MA J,et al.A novel approach for simulating the optical misalignment caused by satellite platform vibration in the ground test of satellite optical communication systems[J].Optics express,2012,20(2):1033-1045.

[56] 高铎瑞,李天伦,孙悦,等.空间激光通信最新进展与发展趋势[J].中国光学,2018,11(6):901-913.

[57] BENAZET B,SOTOM M,MAIGNAN M,et al.Optical distribution of local oscillators in future telecommunication satellite payloads[C]//International Conference on Space Optics(ICSO),Toulouse,France,2004.

[58] ONILLON B,BENAZET B,LLOPIS O.Advanced microwave optical links for LO distribution in satellite payloads[C]//International Topical Meeting on Microwaves Photonics,Grenoble,France,2006.

[59] ARRUEGO I,GUEERERO H,RODRIGUEZ S,et al.A ten-year history in optical wireless links for intra-satellite communications[J].IEEE journal on selected areas in communications,2009,27(9):1599-1611.

[60] ZHUANG L,ROELOFFZEN G H,MEIJERINK A,et al.Novel ring resonator-based integrated photonic beamformer for broadband phased array receive antennas-part Ⅱ:experimental prototype[J].IEEE journal of lightwave technology,2010,28(1):19-31.

[61] GU L L,ZHAO F,SHI Z,et al.Four-channel coarse WDM for inter-and intra-satellite optical communications[J].Optics laser technology,2005,37(7):551-554.

[62] TAN L Y,YANG Q L,MA J.Wavelength dimensioning of optical transport networks over nongeosychronous satellite constellations[J].Journal of optical communications and networking,2010,2(4):166-174.

[63] YANG Q L,TAN L Y,MA J.An analytic method of dimensioning required wavelengths for optical WDM satellite networks[J].IEEE communications letters,2011,15(2):247-249.

[64] DONG Y,ZHAO S H,RAN H D,et al.Routing and wavelength assignment in a satellite optical network based on ant colony optimization with the small window strategy(Article)[J].Journal of optical communications and networ-

king,2015,7(10):995-1000.

[65] 李勇军,赵尚弘,吴继礼,等.低中轨道双层卫星光网络的分时切换半实物仿真演示系统[J].光电子·激光,2011,22(10):1515-1521.

[66] SUN X,CAO S Z.Wavelength routing assignment of optical networks on two typical LEO satellite constellations[C]//Asia Communications and Photonics Conference(ACP),Hangzhou,China,2018.

[67] 王怡,王亚萍.M分布星地激光通信链路相干正交频分复用系统误码性能研究[J].通信学报,2020,41(10):179-187.

[68] RIDGWAY R W,DOHRMAN C L,CONWAY J A.Microwave photonics programs at DARPA[J].IEEE journal of lightwave technology,2014,32(20):3428-3439.

[69] YANG X W,XU K,JIE Y,et al.An efficient and flexible satellite repeater based on optical frequency combs technology[C]//Progress in Electromagnetics Research Symposium,Stockholm,Sweden,2013.

[70] YANG X W,XU K,YIN J,et al.Optical frequency comb based multi-band microwave frequency conversion for satellite applications[J].Optics express,2014,22(1):869-877.

[71] VONO S,DI P G,PICCINNI M,et al.Towards telecommunication payloads with photonic technologies[C]//International Conference on Space Optics (ICSO),Spain,2014.

[72] YIN J,DONG T,GUO H,et al.Wideband and flexible microwave photonic satellite repeater systems for advanced space communication application[C]//Chinese Society for Optical Engineering Conferences,Xi'an,China,2017.

[73] LIN T,ZHAO S H,ZENG Q R,et al.Photonic microwave multi-band frequency conversion based on a DP-QPSK modulator for satellite communication [J].Optical review,2017,24(3):310-317.

[74] LIN T,ZHANG Z,LIU J,et al.Reconfigurable photonic microwave mixer with mixing spurs suppressed and dispersion immune for radio-over-fiber system [J].IEEE transactions on microwave theory and techniques,2020,68(12):5317-5327.

[75] CHEN H,CHAN E H W.Microwave photonic I/Q Mixer with phase shifting ability[J].IEEE photonics journal,2021(13):7100707.

[76] GULDIMANN B, VENANCIO L, WALLACE K, et al. Space instruments based on MOEMS technology[C]//IEEE Conference on Optical MEMS and Nanophotonics, Germany, 2008.

[77] HEDDEGHEM W V, IDZIKOWSKI F, VEREECKEN W, et al. Power consumption modeling in optical multilayer networks[J]. Photonic network communications, 2012, 24(2): 86-102.

[78] ZHENG Z, HUA N, ZHONG Z, et al. Time-sliced flexible resource allocation for optical low earth orbit satellite networks[J]. IEEE access, 2019, 7: 56753-56759.

[79] XIE Y, ZUANG L, JIA P, et al. Sub-nanosecond-speed frequency-reconfigurable photonic radio frequency switch using a silicon modulator[J]. Photonics research. 2020, 8(6): 852-857.

[80] LIN H W W, SUNG C A, HUNG Y H. Microwave frequency switching delays in phase-locked period-one dynamics of semiconductor lasers[J]. Optics letters, 2024, 49(2): 513874.

[81] ZHU Z H, ZHAO S H, LI X, et al. High performance photonic microwave frequency down-conversion using a dual-drive dual-parallel Mach-Zehnder modulator[J]. Journal of modern optics, 2018, 66(2): 143-152.

[82] LI J N, WANG Y X, WANG D Y, et al. A microwave photonic mixer using a frequency doubled local oscillator[J]. IEEE photonics journal, 2018, 10(3): 5501210.

[83] LI T, CHAN E H W, WANG X D, et al. Broadband photonic microwave signal processor with frequency up/down conversion and phase shifting capability [J]. IEEE photonics journal, 2018, 10(1): 1-12.

[84] SHI Z, ZHU S, LI M, et al. Reconfigurable microwave photonic mixer based on dual-polarization dual-parallel Mach-Zehnder modulator(Article)[J]. Optics communications, 2018, 428: 131-135.

[85] JIA P R, MA J X. Dual-output microwave photonic frequency up-and down-converter using a 90° optical hybrid without filtering[J]. IEEE photonics journal, 2022, 14(4): 1-8.